A. I. SCHTENBERG, G. M. GELLER, J. F. KAZPRSHAK

CHEMISCHE ZUSAMMENSETZUNG UND NÄHRWERT DER LEBENSMITTEL

A. I. SCHTENBERG, G. M. GELLER, J. F. KAZPRSHAK

Redaktion: T. J. Boldyrew, O. P. Moltschanowa

CHEMISCHE ZUSAMMENSETZUNG UND NÄHRWERT DER LEBENSMITTEL

Tabellen

Deutsche Ausgabe
zusammengestellt und herausgegeben
von

Dr. habil. HEINRICH-KARL GRÄFE

Direktor am Institut für Ernährung, Potsdam-Rehbrücke,
der Deutschen Akademie der Wissenschaften zu Berlin

AKADEMIE-VERLAG · BERLIN

1959

А. И. ШТЕНБЕРГ, Г. М. ГЕЛЛЕР, Е. Ф. КАЦПРЖАК

РАСЧЕТНЫЕ ТАБЛИЦЫ ХИМИЧЕСКОГО СОСТАВА И ПИТАТЕЛЬНОЙ ЦЕННОСТИ ПИЩЕВЫХ ПРОДУКТОВ

под редакцией

проф. Т. Е. БОЛДЫРЕВА и проф. О. П. МОЛЧАНОВОЙ

Erschienen im Staatsverlag für medizinische Literatur MEDGIS
Moskau 1954

Übersetzt aus dem Russischen von ROMAN MORITZ

Erschienen im Akademie-Verlag GmbH, Berlin W 8, Mohrenstraße 39

Lizenz-Nr. 202 · 100/684/59
Gesamtherstellung: VEB Druckerei „Thomas Müntzer" Bad Langensalza
Bestell- und Verlagsnummer: 5347
Printed in Germany
ES 20 M 8/17 E

INHALTSVERZEICHNIS

Anhang

Vorwort des deutschen Herausgebers

In der modernen Ernährungswissenschaft spielt die Berechnung der Gehaltssätze an Kalorien, Hauptnährstoffen, Mineralien und Vitaminen bei der Beurteilung bestimmter Einzelmahlzeiten wie darüber hinaus des allgemeinen Ernährungsregimes eine immer gewichtigere Rolle. Die Ernährungsbilanzuntersuchungen als ein neuzeitlicher Forschungszweig, mit dessen Hilfe auf Grund eingehender Haushalts- und Betriebsumfragen über die tatsächliche Lebensmittelversorgung und Kostplangestaltung die gegenwärtige Ernährungssituation in den ihr gesetzten Grenzen beurteilt werden kann, wäre ohne Nahrungsmitteltabellen undenkbar. Denn in ihnen befinden sich auf Grund vieler chemischer Untersuchungen bzw. Untersuchungsreihen – wenn freilich nicht immer der gleichen Untersuchungsmethoden – Mittel- und damit Wahrscheinlichkeitswerte. Wenn sie auch in einem gewissen Schwankungsbereich variieren, der im Durchschnitt 5 bis 10% nicht übersteigen sollte, so geben sie uns allein *Handhaben zur Beurteilung der jeweiligen Ernährungsgewohnheiten*.

Im deutschsprachigen Raum werden zur Zeit zwei Tabellenwerke entsprechenden Berechnungen zugrunde gelegt: einmal die Schrift von FACHMANN, KRAUT, SPERLING[1]), in der in Form von 3 Tabellen die Werte der Verbraucherstufe und der Großhandelsstufe sowie die Reinsubstanzgehalte vorgelegt werden. Daneben liegt die vielverwandte „Nahrungsmitteltabelle" von H. SCHALL[2]) vor. Wie auch im Titel zum Ausdruck kommt, wurde hier in erster Linie das aufgenommen, „was bei der Berechnung ärztlicher Kostsätze irgendwie von Wichtigkeit erschien".

Zur stetigen Fortführung der so wichtigen ernährungssoziologischen Untersuchungen und damit zur allmählichen Verbesserung der Kostsätze vor allem im Zusammenhang mit der „Gesundernährung" dürfte es zweckmäßig sein, das nach jahrelanger mühevoller Kleinarbeit jetzt geschlossen vorliegende Untersuchungsergebnis einer Spezialkommission des Ministeriums für Gesundheitswesen der UdSSR auch den deutschen Lesern vorzulegen.

Insbesondere sprechen dafür folgende drei Hauptgründe:

1. Die von dieser „Kommission" ausgearbeiteten, geprüften und offenbar im Anschluß an einheitliche Untersuchungsverfahren ermittelten normativen Gehaltswerte wurden durch einen Erlaß des sowjetischen Gesundheitsministeri-

---

1) „Nährstoff- und Nährwertgehalt von Nahrungsmitteln", Leipzig 1953.

2) „Nahrungsmitteltabelle zur Aufstellung und Berechnung von Diätverordnungen für Krankenhaus, Sanatorium und Praxis", Leipzig 1958, 17., verb. Aufl.

ums sowie des Ministeriums der Lebensmittelindustrie bestätigt und gelten damit für das Gesamtgebiet der UdSSR als verbindliche Direktive.

2. Die Berechnungstabellen enthalten zunächst Werte über den Gehalt der resorbierbaren Nährstoff- und Kalorienanteile („Nettokalorien") und daneben solche für das Bruttoprodukt. Sie bieten damit zugleich wertvolle Hinweise für die als angemessen anzusehenden Verlustquoten.

3. Die Tatsache, daß infolge ständigen, ausgedehnten Imports aus der Sowjetunion Nahrungsmittel zu uns kommen, die für deutsche Verhältnisse nicht charakteristisch und darum bisweilen gar nicht in unseren Tabellen enthalten sind, läßt die Übersetzung eines solchen Tabellenwerkes notwendig oder zumindest zweckmäßig erscheinen.

Damit ist kurz zum Ausdruck gebracht, daß die von A. I. Schtenberg, G. M. Geller, J. F. Kazprshak unter der Redaktion von Prof. T. J. Boldyrew und Prof. O. P. Moltschanowa erschienenen Tabellen über die chemische Zusammensetzung und den Nährwert der Lebensmittel nicht nur für einschlägige wissenschaftliche Institutionen in Forschung und Lehre, sondern ebenso für die praktische Beratung in der Gemeinschaftsverpflegung, den privaten Haushaltungen und natürlich nicht zuletzt allen Kur- und Heilanstalten von unmittelbarem Nutzen sein können.

In dem vorliegenden Buch ist der II. Teil des sowjetischen Originalwerkes nicht enthalten, da dieser lediglich die Bedarfsmengen bzw. Anfallsätze von 1—1000 g ausgerechnet vorlegt. Dafür wurden die in der Sowjetunion gültigen „Physiologischen Ernährungsnormen" aufgenommen, die im Anhang erscheinen. Sie sind vor Jahren von einem für diese Fragen zuständigen Kreis von Wissenschaftlern im Institut für Ernährungsforschung der Akademie der Medizinischen Wissenschaften Moskau ausgearbeitet und danach vom Ministerium für Gesundheitswesen der UdSSR bestätigt worden. Die Bekanntgabe gerade dieser als verbindlich erklärten Ernährungsrichtsätze für die verschiedenen Alters- und Berufsgruppen schien im gegebenen Zusammenhang von besonderer Bedeutung zu sein.

Rehbrücke, am 1. Oktober 1958

Heinrich-Karl Gräfe

Vorwort

Der auf Grund der Direktiven des XIX. Kongresses der KPdSU, der Anordnungen der V. Sitzung des Obersten Sowjets der UdSSR und der Beschlüsse des Septemberplenums des ZK der KPdSU erfolgte grandiose Anstieg der Volkswirtschaft der UdSSR schuf die Voraussetzungen für einen steilen Anstieg der Massengüterproduktion, für eine maximale Deckung des Bedarfs der Bevölkerung an Nahrungsmitteln. Wissenschaftlich begründete physiologische Normen der Ernährung für verschiedene Alters- und Berufsgruppen der Bevölkerung wurden vom Institut für Ernährungsforschung der Akademie der Medizinischen Wissenschaften der UdSSR ausgearbeitet und vom Ministerium des Gesundheitswesens der UdSSR bestätigt. Für einen richtigen Aufbau der Rationen auf Grund dieser Normen sind Grundtabellen der chemischen Zusammensetzung und des Nährwerts der Lebensmittel erforderlich. Solche Tabellen wurden von einer Spezialkommission des Ministeriums für Gesundheitswesen der UdSSR ausgearbeitet, durch einen Erlaß dieses Ministeriums und des Ministeriums der Lebensmittelindustrie der UdSSR bestätigt und im Jahre 1954 herausgegeben.

In voller Übereinstimmung mit diesen Grundtabellen wurden vorliegende Berechnungstabellen ausgearbeitet, welche die Bestimmung des Nährwerts der Rationen und der Einzelgerichte sehr erleichtern. Das Positive der Berechnungstabellen besteht darin, daß sie sich aus zwei Abschnitten zusammensetzen: Der Gehalt der resorbierbaren Nährstoffe und der Kaloriengehalt sind für den genießbaren Teil des Produkts und für das Bruttoprodukt gesondert angeführt.

Die Berechnungstabellen sind zur Verwendung in Heilanstalten, öffentlichen Küchen, Erholungsheimen, Sanatorien usw. bestimmt.

Korrespondierendes Mitglied der Akademie der Medizinischen Wissenschaften der UdSSR Professor O. P. Moltschanowa

Korrespondierendes Mitglied der Akademie der Medizinischen Wissenschaften der UdSSR Professor T. J. Boldyrew

Einführung

Die vom Gesundheitsministerium der UdSSR bestätigten physiologischen Ernährungsnormen machen den Aufbau einer rationellen Ernährung durch die Zusammenstellung von differenzierten Nahrungsrationen möglich. Die vorliegenden Berechnungstabellen erleichtern die Lösung dieser Aufgabe.

Die Tabellen sind für die Zusammenstellung verschiedener Nahrungsrationen und für die Aufschlüsselung einzelner Gerichte bestimmt. Durch ihre Verwendung können die chemische Zusammensetzung und der physiologische Nährwert einer Nahrungsration im allgemeinen und eines beliebigen Gerichts im einzelnen schnell und ohne komplizierte Berechnungen ermittelt werden.

Bisher lagen keine einheitlichen Tabellen über die chemische Zusammensetzung der Lebensmittel vor, wie sie zur Bestimmung (Berechnung) ihres Nährwertes erforderlich sind. Infolgedessen bestanden Unstimmigkeiten in den Berechnungen, da die Angaben der verschiedenen Autoren über die chemische Zusammensetzung der Lebensmittel unterschiedlich waren.

Die Angaben in den Grundtabellen über die chemische Zusammensetzung der Lebensmittel, herausgegeben vom Gesundheitsministerium der UdSSR, beziehen sich nur auf den genießbaren Teil des Produkts (Fleisch und Fisch ohne Knochen bzw. Gräten, Obst und Gemüse in gereinigtem Zustande usw.), d. h. auf das Nettoprodukt. Außerdem enthalten die Tabellen Angaben über den Nährstoff- und Kaloriengehalt des Produkts unter Außerachtlassung der Verluste bei der Resorption derselben, mit anderen Worten: über die chemische Rohzusammensetzung des Produkts. Indessen ist bei der Berechnung der Rationen und Einzelgerichte vom Gehalt der resorbierbaren Nährstoffe und dem hieraus errechneten sogenannten Netto-Kaloriengehalt auszugehen.

Bei der Berechnung der chemischen Zusammensetzung der Nahrungsrationen und Einzelgerichte ist eine Bestimmung des Gehalts an Eiweiß, Fett, Kohlenhydraten und anderen Stoffen wie auch des Kaloriengehalts des genießbaren Teils des Produkts und des Gesamtprodukts (Bruttoprodukt) in Abhängigkeit vom Charakter der Brutto- oder Netto-Aufschlüsselung erforderlich. Aus diesem Grunde enthalten die Berechnungstabellen Angaben über das Brutto- und das Nettoprodukt. Bei der Bestimmung der Menge der resorbierbaren Nährstoffe und des Netto-Kaloriengehalts wurde von den Resorptionswerten der Grundtabellen ausgegangen.

Bei der Berechnung des Gehalts der Nährstoffe im Bruttoprodukt wurden die Angaben über den prozentualen Gehalt der Abfälle verwertet und nach verschiedenen Unterlagen von der Abteilung für Lebensmitteltechnologie des Instituts für Ernährungsforschung der Akademie der Medizinischen Wissenschaften der UdSSR ausgearbeitet. Die Berechnungstabellen bestehen aus zwei Teilen.

Der erste Teil enthält Angaben über den Gehalt der resorbierbaren Nährstoffanteile (Eiweiß, Fett und Kohlenhydrate) und den Netto-Kaloriengehalt wie auch über den Mineralstoff- und Vitamingehalt aller in den Grundtabellen angeführten Lebensmittel. Diese Angaben beziehen sich auf 100 g des genießbaren Teils des Produkts und des Gesamtprodukts. Außerdem werden Angaben über den Gehalt der Trockensubstanzen im genießbaren Teil, ohne Berücksichtigung der Resorbierbarkeit (chemische Rohzusammensetzung) gemacht.

Der zweite Teil enthält Berechnungstabellen zur Bestimmung der Komponenten der bekanntesten Lebensmittel, welche über die in verschiedenen Gewichtsmengen eines Produkts – von 1 bis 1000 g – enthaltenen Mengen von Eiweiß, Fetten, Kohlenhydraten, Mineralsalzen, Vitaminen und den Kaloriengehalt Aufschluß geben. Wie im ersten Teil werden die Angaben über den Gehalt der resorbierbaren Nährstoffe im Produkt gesondert nach netto und brutto gemacht. Als Muster der Aufschlüsselung werden ein Gericht in brutto und netto – gebratene Leber mit Zwiebeln und Kartoffeln – und der Nährstoffgehalt dieses Gerichts, errechnet nach den Berechnungstabellen sowie eine Zusammenstellung der Lebensmittel einer Tagesration in diesen zwei Varianten gegeben.

Aufschlüsselungsmuster eines Gerichts

Gebratene Leber mit Zwiebeln und Kartoffeln+)

Bezeichnung der Erzeugnisse	Bruttoprodukt in g	Eiweiss	Fette	Kohlenhydrate	Kaloriengehalt
			in g		
Rinderleber	100	16,79	3,77	2,73	115,1
Weizenmehl I. Sorte	6	0,56	0,06	4,20	20,0
Rahmbutter, ungesalzen	10	0,05	7,93	0,05	74,2
Knollenzwiebel	50	0,90	-	4,02	20,2
Küchenbutter	17	-	15,99	-	148,7
Kartoffeln	250	2,63	-	35,63	156,8
Insgesamt:	433	20,93	27,75	46,63	535,0

Gebratene Leber mit Zwiebeln und Kartoffeln

Bezeichnung der Erzeugnisse	Nettoprodukt in g	Eiweiss	Fette	Kohlenhydrate	Kaloriengehalt
			in g		
Rinderleber	93	16,79	3,77	2,74	115,0
Weizenmehl	6	0,56	0,06	4,20	20,0
Rahmbutter, ungesalzen	10	0,05	7,93	0,05	74,2
Knollenzwiebel	45	0,90	-	4,02	20,1
Küchenbutter	17	-	15,99	-	148,7
Kartoffeln	188	2,63	-	35,72	157,2
Insgesamt:	359	20,93	27,75	46,73	535,2

+) Die Aufschlüsselung des Gerichts wurde der Sammlung von Gerichten für Gemeinschaftsküchen, Moskau 1949, entnommen.

Auf gleiche Weise wird auch eine Tagesration berechnet.

Zusammenstellung der Lebensmittel einer Tagesration für 1 Person

Bezeichnung der Erzeugnisse	Bruttoprodukt in g	Eiweiss	Fette	Kohlenhydrate	Kaloriengehalt
		in g			
Roggen-Formbrot	250	11,73	1,85	98,00	467,0
Weizen-Formbrot I.Sorte	250	16,80	1,63	117,35	565,3
Weizenmehl I. Sorte	25	2,34	0,26	17,49	83,7
Teigwaren	15	1,40	0,13	10,68	50,7
Buchweizengrütze	50	4,31	1,14	31,21	156,2
Reis	25	1,60	0,23	18,01	82,6
Kartoffeln	300	3,15	-	42,75	188,1
Weisskohl, frisch	100	1,15	-	3,61	19,5
Möhren	50	0,44	-	3,15	14,7
Rüben	50	0,48	-	3,54	16,5
Knollenzwiebel	25	0,45	-	2,01	10,1
Tomaten	50	0,38	-	1,54	7,9
Rindfleisch I. S. v. Tieren durchschn. Ernährungszustandes	150	23,09	11,70	-	203,4
Zander	50	4,51	0,18	-	20,2
Milch	500	16,30	17,60	22,05	321,0
Fettquark	30	4,32	5,13	0,29	66,6
Saure Sahne I. Sorte	20	0,58	5,70	0,49	57,4
Sonnenblumenöl	20	-	18,96	-	176,3
Rahmbutter, ungesalzen	30	0,14	23,80	0,15	222,5
Zucker	100	-	-	98,90	405,5
Insgesamt:	2 090	93,17	88,31	471,22	3 135,2

Zusammenstellung der Lebensmittel einer Tagesration für 1 Person (Fortsetzung)

Bezeichnung der Erzeugnisse	Netto-produkt in g	Eiweiss	Fette	Kohlenhydrate	Kalorien-gehalt
			in g		
Roggen-Formbrot	250	11,73	1,85	98,00	467,0
Weizen-Formbrot I. Sorte	250	16,80	1,63	117,35	565,3
Weizenmehl I. Sorte	25	2,34	0,26	17,49	83,7
Teigwaren	15	1,40	0,13	10,68	50,7
Buchweizengrütze	49	4,29	1,13	31,05	155,3
Reis	25	1,60	0,23	18,01	82,6
Kartoffeln	225	3,15	-	42,75	188,1
Weisskohl, frisch	80	1,15	-	3,61	19,5
Möhren	43	0,45	-	3,18	14,8
Rüben	40	0,48	-	3,54	16,5
Knollenzwiebel	23	0,46	-	2,06	10,3
Tomaten	48	0,38	-	1,55	7,9
Rindfleisch I. Sorte v. Tieren durchschn. Ernährungszustandes	122	23,18	11,75	-	204,4
Zander	25	4,51	0,18	-	20,2
Milch	500	16,30	17,60	22,05	321,0
Fettquark	30	4,32	5,13	0,29	66,6
Saure Sahne I. Sorte	20	0,58	5,70	0,49	57,4
Sonnenblumenöl	20	-	18,96	-	176,3
Rahmbutter, ungesalzen	30	0,14	23,80	0,15	222,5
Zucker	100	-	-	98,90	405,5
Insgesamt:	-	93,26	88,35	471,15	3 135,6

Eiweiß-, Fett-, Kohlenhydrat- und Kaloriengehalt der Nahrungsmittel

Mehle, Grützen, Brot und Zwieback

(je 100 g des Erzeugnisses)

Bezeichnung der Erzeugnisse	Charakterisierung des Erzeugnisses	% Trockensubstanz	Geniessb. Teil des Produkts				Bruttoprodukt			
			Eiweiss	Fette	Kohlenhydr.	Kalorien	Eiweiss	Fette	Kohlenhydr.	Kalorien
Mehl										
Erbsenmehl	-	86,0	18,20	1,84	50,10	297,1	18,20	1,84	50,10	297,1
Buchweizenmehl	-	86,0	5,95	1,66	69,37	324,3	5,95	1,66	69,37	324,3
Kartoffelmehl	-	86,0	0,70	-	80,47	332,8	0,70	-	80,47	332,8
Maismehl	-	86,0	6,72	1,56	67,77	319,9	6,72	1,56	67,77	319,9
Hafermehl	-	86,0	9,10	6,16	60,82	344,0	9,10	6,16	60,82	344,0
Weizenmehl	Schrotmehl	86,0	8,26	1,38	65,42	314,9	8,26	1,38	65,42	314,9
Weizenmehl	2. Sorte	86,0	9,78	1,30	68,41	332,7	9,78	1,30	68,41	332,7
Weizenmehl	1. Sorte	86,0	9,35	1,02	69,95	334,6	9,35	1,02	69,95	334,6
Weizenmehl	Höchste Qualität	86,0	9,18	0,84	70,62	335,0	9,18	0,84	70,62	335,0
Roggenmehl	Schrotmehl	86,0	7,35	1,47	66,18	315,1	7,35	1,47	66,18	315,1
Roggenmehl, gebeutelt	-	86,0	7,57	1,12	71,58	334,9	7,57	1,12	71,58	334,9
Gerstenmehl	-	86,0	7,00	1,84	66,27	317,5	7,00	1,84	66,27	317,5
Grützen, Teigwaren u. Hülsenfrüchte										
Buchweizengrütze	Nicht gemahlen, nur enthülst	86,0	8,75	2,30	63,36	317,0	8,62	2,27	62,41	312,3
Griess	-	86,0	9,52	0,74	70,37	334,4	9,52	0,74	70,37	334,4
Hafergrütze	-	88,0	9,10	5,98	61,01	343,1	8,92	5,86	59,79	336,2
Perlgrütze	-	86,0	6,30	1,10	68,43	316,6	6,17	1,08	67,06	310,3
Gerstengrütze	-	86,0	6,65	1,38	67,68	317,6	6,52	1,35	66,33	311,2
Hirse	-	86,0	8,40	2,30	65,42	324,1	8,19	2,24	63,78	316,0
Reis	-	86,0	6,46	0,93	72,77	333,5	6,40	0,92	72,04	330,2
Sago	-	87,5	0,56	0,18	81,31	337,3	0,56	0,18	81,31	337,3
Teigwaren	-	87,0	9,35	0,84	71,23	338,2	9,35	0,84	71,23	338,2
Erbsen	-	86,0	15,68	2,21	50,85	293,3	15,21	2,14	49,32	284,5
Türkische Bohnen	-	86,0	16,24	1,93	50,57	291,9	15,92	1,89	49,56	286,0
Linsen	-	86,0	16,94	1,56	50,10	289,4	16,43	1,51	48,60	280,7
Hafermehl	-	88,0	11,56	5,86	62,69	358,9	11,56	5,86	62,69	358,9
Maisflocken	-	91,8	12,67	1,21	69,41	347,8	12,67	1,21	69,41	347,8

Brot, Brötchen und Zwieback										
Roggen-Formbrot	Aus Schrotmehl	52,5	4,69	0,74	39,20	186,8	4,69	0,74	39,20	186,8
Roggenbrot, freigeschoben	Aus Schrotmehl	54,0	4,83	0,84	40,23	192,6	4,83	0,84	40,23	192,6
Brot, ukrainisches freigeschoben	Aus Roggenschrotmehl unter Zusatz von Weizenmehl 2. Sorte	56,0	5,11	0,74	42,21	200,9	5,11	0,74	42,21	200,9
Grau-Formbrot	Aus gesiebtem Mehl	56,0	5,02	0,74	45,41	213,6	5,02	0,74	45,41	213,6
Graubrot, freigeschoben	-	58,0	5,19	0,74	47,04	221,0	5,19	0,74	47,04	221,0
Weizen-Formbrot	Aus Schrotmehl	54,0	5,32	0,84	39,86	193,1	5,32	0,84	39,86	193,1
Weizenbrot, freigeschoben	Aus Schrotmehl	56,0	5,46	0,84	41,45	200,1	5,46	0,84	41,45	200,1
Weizen-Formbrot	Aus Mehl 2. Sorte	58,0	6,89	0,84	45,12	221,1	6,89	0,84	45,12	221,1
Weizenbrot, freigeschoben	Aus Mehl 2. Sorte	60,0	7,14	0,84	46,56	228,0	7,14	0,84	46,56	228,0
Weizen-Formbrot	Aus Mehl 1. Sorte	59,0	6,72	0,65	46,94	226,1	6,72	0,65	46,94	226,1
Weizenbrot, freigeschoben	Aus Mehl 1. Sorte	60,0	6,89	0,65	47,71	229,9	6,89	0,65	47,71	229,9
Weissbrot in Laiben	Aus Mehl 1. Sorte	61,0	6,97	1,02	48,19	235,6	6,97	1,02	48,19	235,6
Brötchen, städtische	Aus Mehl 1. Sorte	61,5	6,55	2,33	47,90	244,9	6,55	2,33	47,90	244,9
Brotlaibe, städtische	Aus Mehl höchster Qualität	61,0	6,29	2,14	48,19	243,3	6,29	2,14	48,19	243,3
Roggenzwieback	-	86,0	7,70	1,29	64,11	306,4	7,70	1,29	64,11	306,4
Weizenzwieback	Gebäck aus Schrotmehl	88,0	8,61	1,38	65,05	314,8	8,61	1,38	65,05	314,8
Weizenzwieback	Gebäck aus Mehl 2. Sorte	88,0	10,46	1,21	68,45	334,8	10,46	1,21	68,45	334,8

Anmerkung: Die Nährstoffe sind in Gramm errechnet.

Gemüse und Pilze

(je 100 g des Erzeugnisses)

Bezeichnung der Erzeugnisse	% Trockensubstanz	Geniessb. Teil des Produkts				Bruttoprodukt			
		Eiweiss	Fette	Kohlenhydr.	Kalorien	Eiweiss	Fette	Kohlenhydr.	Kalorien
Knollen- u. Wurzelfrüchte									
Bataten (Süsskartoffeln)	29,2	2,56	-	20,32	93,8	-	-	-	-
Steckrüben	15,0	0,64	-	10,71	46,5	-	-	-	-
Erdbirnen	23,0	1,44	-	16,15	72,1	-	-	-	-
Kartoffeln, frisch	23,6	1,40	-	19,00	83,6	1,05	-	14,25	62,7
Kartoffeln, getrocknet	89,0	5,25	-	71,73	315,6	5,25	-	71,73	315,6
Möhren, frisch	12,0	1,04	-	7,40	34,6	0,88	-	6,29	29,4
Möhren, getrocknet	86,0	7,44	-	52,96	247,6	7,44	-	52,96	247,6
Pastinake (Möhrenart)	16,8	1,12	-	9,27	42,6	0,90	-	7,42	34,1
Petersilie	15,0	1,44	-	9,10	43,2	1,15	-	7,28	34,6
Sellerie	15,9	1,04	-	10,29	46,5	0,79	-	7,72	34,9
Radies	7,6	0,96	-	4,17	21,0	0,77	-	3,34	16,9
Rettich	13,2	1,52	-	7,40	36,6	1,14	-	5,55	27,4
Rüben	10,5	0,96	-	6,38	30,1	0,72	-	4,79	22,6
Bete, Rote Rübe, frisch	14,0	1,20	-	8,84	41,2	0,96	-	7,07	32,9
Bete, Rote Rübe, getrocknet	86,0	7,36	-	54,32	252,9	7,36	-	54,32	252,9
Meerrettich	23,3	2,16	-	13,77	65,3	1,73	-	11,02	52,3
Zichorie	27,6	0,96	-	20,15	86,6	-	-	-	-
Knoblauch	35,4	5,44	-	22,61	115,0	4,35	-	18,09	92,0
Blatt- und Lauchgemüse									
Weisskohl	10,0	1,44	-	4,51	24,4	1,15	-	3,61	19,5
Brüsseler Kohl (Rosenkohl)	14,4	3,84	-	5,70	39,1	2,50	-	3,71	25,5
Rotkohl	10,0	1,44	-	5,27	27,5	1,22	-	4,48	23,4
Sauerkohl	8,5	0,80	-	1,79	10,6	0,76	-	1,70	10,1
Savoykohl (Wirsingkohl)	13,9	2,64	-	6,63	38,0	2,11	-	5,30	30,4
Kohl, getrocknet	88,0	12,64	-	39,61	214,2	12,64	-	39,61	214,2
Blumenkohl	9,0	1,76	-	4,42	25,3	1,06	-	2,65	15,2
Kohlrabi	14,8	2,40	-	7,57	40,9	1,68	-	5,30	28,6
Zwiebellauch	7,6	1,04	-	3,74	19,6	0,83	-	2,99	15,7
Porree	9,2	1,68	-	4,68	26,1	1,28	-	3,56	19,8
Knollenzwiebel, frisch	14,5	2,00	-	8,93	44,8	1,80	-	8,04	40,3
Knollenzwiebel, getrocknet	86,0	11,84	-	52,96	265,7	11,84	-	52,96	265,7

Rhabarber	5,0	0,40	-	2,55	12,1	0,30	-	1,91	9,1
Salat	6,8	1,28	-	3,06	17,8	0,96	-	2,30	13,4
Sellerieblatt	5,9	1,20	-	1,87	12,9	-	-	-	-
Spinat	10,0	2,96	-	2,89	24,0	2,22	-	2,17	18,0
Sauerampfer	9,6	2,40	-	3,06	22,4	1,92	-	2,45	17,9
Fruchtgemüse									
Arbusen (Wassermelonen)	10,3	0,48	-	7,65	33,3	0,31	-	4,97	21,6
Aubergine (Eierfr., kl. Melone)	8,0	0,96	-	4,25	21,4	0,82	-	3,61	18,2
Gartenerbsen	18,2	5,20	-	8,76	57,2	4,68	-	7,88	51,5
Grüne Erbsen, frisch	21,0	4,88	-	10,29	62,2	4,88	-	10,29	62,2
Grüne Erbsen, getrocknet	88,4	20,56	-	43,27	261,7	20,56	-	43,27	261,7
Melone	13,0	0,56	-	9,61	41,7	0,45	-	7,69	33,4
Melonenkürbis (Cucurbita melopepo)	6,5	0,48	-	3,91	18,0	0,36	-	2,93	13,5
Gurken, frisch	4,7	0,80	-	2,04	11,6	0,72	-	1,84	10,5
Gurken, gesalzen	6,5	0,40	-	1,02	5,8	0,38	-	0,97	5,5
Pfeffer, süsser, grün, unreif	7,8	0,96	-	4,00	20,3	0,72	-	3,00	15,3
Pfeffer, süsser, rot, reif	9,5	1,04	-	5,10	25,2	-	-	-	-
Patisson	6,9	0,48	-	3,66	17,0	-	-	-	-
Tomaten	6,2	0,80	-	3,23	16,5	0,76	-	3,07	15,7
Kürbis	10,6	0,80	-	6,55	30,1	0,56	-	4,59	21,1
Schnittbohnen	11,5	2,16	-	5,44	31,2	-	-	-	-
Pilze									
Weisspilz, frisch	12,9	3,24	0,38	4,34	34,6	2,27	0,27	3,04	24,3
Weisspilz, getrocknet	87,2	22,02	2,57	29,33	234,4	22,02	2,57	29,33	234,4
Birkenpilz (Boletus scaber)	9,2	1,74	0,57	1,45	18,4	1,22	0,40	1,02	12,9
Pfifferling (Agaricus piperatus)	9,3	1,14	0,19	4,68	25,6	0,80	0,13	3,28	17,9
Eierschwamm	8,6	1,56	0,38	3,23	23,2	1,09	0,27	2,26	16,2
Butterpilz	7,7	1,02	0,29	3,74	22,2	0,71	0,20	2,62	15,5
Hallimasch, Honigpilz	14,0	1,38	0,67	7,74	43,6	0,97	0,47	5,42	30,6
Rotkappe, Rothäubchen	11,2	2,46	0,86	1,36	23,7	1,72	0,60	0,95	16,5
Reizker	10,2	1,86	0,67	1,96	21,9	1,30	0,47	1,37	15,3
Morcheln	10,0	1,98	0,29	3,83	26,5	1,39	0,20	2,68	18,5
Täubling	9,0	1,50	0,48	1,45	16,6	1,05	0,34	1,02	11,6

Anmerkung: Die Resorbierbarkeit des Bruttoprodukts ist bei einigen Nahrungsmitteln wegen Fehlens von zuverlässigen Angaben über die Abfälle nicht errechnet. Ein Strich (-) bedeutet das Fehlen von Angaben.

Früchte, Beeren, Marmelade, Konfitüren und Nüsse

(je 100 g des Erzeugnisses)

Bezeichnung der Erzeugnisse	% Trockensubstanz	Geniessb. Teil des Produkts				Bruttoprodukt			
		Eiweiss	Fette	Kohlenhydr.	Kalorien	Eiweiss	Fette	Kohlenhydr.	Kalorien
Aprikosen, frisch	14,0	0,51	-	10,98	47,1	0,43	-	9,33	40,0
Aprikosen, getrocknet	87,5	3,23	-	68,58	294,4	-	-	-	-
Apfelsinen	12,0	0,77	-	8,19	36,7	0,58	-	6,14	27,5
Preiselbeeren	13,0	0,51	-	9,36	40,5	0,48	-	8,89	38,4
Weintrauben	18,4	0,60	-	14,58	62,2	0,54	-	13,12	56,0
Weintrauben, getrocknet (Rosinen)	77,0	2,47	-	61,02	260,3	-	-	-	-
Kirschen	16,0	0,85	-	12,87	56,3	0,75	-	11,33	49,5
Birnen	14,0	0,34	-	11,16	47,2	0,31	-	10,27	43,4
Grapefruit	10,3	0,51	-	7,74	33,8	0,31	-	4,64	20,3
Moorbeere (Vaccin. uligin.)	12,0	0,85	-	8,55	38,5	0,83	-	8,38	37,8
Brombeeren	13,0	0,85	-	8,46	38,2	0,83	-	8,29	37,4
Gartenerdbeere	15,1	0,85	-	8,82	39,6	0,81	-	8,38	37,7
Kornelkirsche (Cornus mas)	16,0	0,85	-	11,25	49,6	0,68	-	9,00	39,7
Moosbeere (Vaccin. oxycoccus)	12,0	0,26	-	8,55	36,1	0,25	-	8,38	35,4
Stachelbeeren	15,0	0,85	-	10,35	45,9	0,81	-	9,83	43,6
Zitronen	12,8	0,51	-	9,27	40,1	0,26	-	4,64	20,1
Himbeeren	15,8	0,85	-	9,18	41,1	0,72	-	7,80	34,9
Mandarinen	12,0	0,77	-	9,00	40,1	0,58	-	6,75	30,1
Mirabellen	14,6	0,43	-	11,88	50,5	0,39	-	10,69	45,4
Pfirsiche	14,5	0,51	-	11,43	49,0	0,45	-	10,06	43,1
Vogelkirschen, Ebereschenbeeren	25,6	0,94	-	18,63	80,2	-	-	-	-
Pflaumen	15,5	0,60	-	12,60	54,1	0,54	-	11,34	48,7
Trockenpflaumen	77,0	3,40	-	62,10	268,6	2,55	-	46,58	201,4
Johannisbeeren, rot	15,8	0,85	-	10,08	44,8	0,77	-	9,07	40,3
Johannisbeeren, schwarz	18,0	0,85	-	12,06	52,9	0,82	-	11,70	51,3
Feichoa	18,0	0,77	-	10,35	45,6	-	-	-	-
Dattelpflaume (Diospyros lotus)	20,0	0,43	-	16,65	70,0	-	-	-	-
Süsskirsche, Weichselkirsche	20,0	0,85	-	16,47	71,0	0,76	-	14,82	63,8
Heidelbeeren	13,0	0,85	-	8,64	38,9	0,85	-	8,64	38,9
Äpfel aus der Mittelzone	13,0	0,43	-	10,08	43,1	0,40	-	9,27	39,6
Winteräpfel aus dem Süden	15,0	0,43	-	11,97	50,8	0,40	-	11,01	46,8
Äpfel, getrocknet	80,0	2,38	-	63,36	269,5	2,28	-	60,83	258,8

Marmeladen									
Aprikosenmarmelade	65,8	0,34	-	61,75	254,6	0,34	-	61,75	254,6
Mandarinenmarmelade	65,8	0,34	-	61,85	255,0	0,34	-	61,85	255,0
Schwarze Johannisbeerenmarmelade	67,2	0,34	-	62,99	259,7	0,34	-	62,99	259,7
Apfelmarmelade	65,0	0,34	-	60,90	251,1	0,34	-	60,90	251,1
Konfitüren									
Quitten-Konfitüre	73,0	0,34	-	68,78	283,4	0,34	-	68,78	283,4
Nuss-Konfitüre (aus Walnüssen)	74,5	0,34	-	69,83	287,7	0,34	-	69,83	287,7
Birnenkonfitüre	73,0	0,34	-	68,78	283,4	0,34	-	68,78	283,4
Erdbeerkonfitüre (Gartenerdbeere)	77,0	0,34	-	72,49	298,6	0,34	-	72,49	298,6
Kornelkirschenkonfitüre	73,7	0,34	-	69,45	286,1	-	-	-	-
Himbeerkonfitüre	74,0	0,34	-	69,64	286,9	0,34	-	69,64	286,9
Pflaumenkonfitüre	76,0	0,34	-	71,63	295,1	-	-	-	-
Apfelkonfitüre	70,0	0,34	-	65,93	271,7	0,34	-	65,93	271,7
Nüsse									
Walnuss	92,2	13,60	55,58	11,70	620,6	5,44	22,23	4,68	248,2
Erdnuss (Arachis)	92,5	23,38	42,28	14,04	546,6	17,54	31,71	10,53	410,0
Zedernuss	90,0	12,75	52,25	13,05	591,7	5,49	22,47	5,61	254,5
Haselnuss	94,5	14,11	60,80	7,65	654,7	6,35	27,36	3,44	294,6
Mandeln	93,7	18,19	50,54	11,88	593,3	7,28	20,22	4,75	237,4
Pistaziennuss	92,0	19,21	43,42	15,84	547,5	9,61	21,71	7,92	273,8
Lambertsnuss (Corylus tubulosa) (Haselnussart)	95,0	12,75	60,80	9,18	655,4	5,99	28,58	4,31	308,0

Anmerkung: Die Resorbierbarkeit des Bruttoprodukts ist bei einigen Nahrungsmitteln wegen Fehlens von zuverlässigen Angaben über die Abfälle nicht errechnet. Ein Strich (-) bedeutet das Fehlen von Angaben.

Süss- und Konditorwaren

(je 100 g des Erzeugnisses)

Bezeichnung der Erzeugnisse	Charakterisierung des Erzeugnisses	% Trocken-substanz	Resorbierbarer geniessbarer Teil			
			Eiweiss	Fette	Kohlenhydr.	Kalorien
Zuckerhaltige Stoffe						
Bienenhonig	Naturhonig	82,0	0,34	0	77,24	318,1
Stärkesirup	Caramel-, höchste Qualität	78,0	0	0	73,82	302,7
Raffinadezucker	Würfelzucker	99,9	0	0	98,90	405,5
Streuzucker	Höchste Qualität	99,9	0	0	98,90	405,5
Konditorwaren						
Karamellen						
a) mit Frucht-, Likör-, Honigpaste u. Schaumfüllung im Durchschnitt	-	93,2	0,09	0	88,35	362,2
Benediktiner	Likör-	91,6	-	0	87,02	356,8
Weichselkirsche	Frucht-	93,3	-	0	88,35	362,2
Roter Mohn	Schaum-	93,6	0,34	0	88,54	364,4
Zitronen	Paste-	94,6	-	0	89,87	368,5
Punsch	Frucht-	93,1	-	0	88,35	362,2
Bienchen	Honig-	93,3	-	0	88,64	363,4
b) Rekord	Marzipan-	95,4	1,36	2,88	85,12	381,4
c) mit Schokoladen- und Nussfüllung im Durchschnitt	-	97,7	2,72	8,56	79,90	364,0
Krebshälse	Schokoladen-Mandelpraline	97,0	2,55	8,37	79,99	416,3
Schokoladenkaramel	Schokoladen-Nusspraline	98,4	2,89	8,84	79,71	420,9
d) mit Buttercremefüllung Sneshok	mit erfrischender Füllung	98,3	0	11,07	82,08	439,5
e) ungefüllte	-	97,0	0	0	92,15	377,8
"Duchesse"	Eisbonbon	97,0	0	0	92,15	377,8
"Klare"	Eisbonbon	97,0	0	0	92,15	377,8

Konfekt mit Schokoladenglasur						
a) mit Frucht-, Pasten- und Zuckergehäuse im Durchschnitt	-	90,1	2,72	10,14	71,25	397,6
"Frühling"	Paste mit Zutaten	92,7	3,91	10,04	72,49	406,6
"Sommer"	Frucht	87,8	2,13	8,09	71,82	378,4
"Soufflé"	auf Eiweissschaum	88,4	2,64	14,69	64,98	413,9
"Citron"	Fruchtpaste	91,6	2,21	8,37	75,53	396,6
b) mit Marzipangehäuse ("Don Quichotte")	-	93,8	4,76	18,51	64,03	454,2
c) mit Nuss-Schokoladengehäuse im Durchschnitt	-	99,0	4,76	32,18	54,34	541,6
"Assorti"	Mandelpraline	99,1	3,66	35,25	52,73	559,0
"Mischka kossolapyj"	Mandelpraline	99,0	4,76	29,76	56,81	529,2
"Nu-ka otnimi"	Nusspraline	99,1	5,95	31,43	53,49	536,0
d) mit Nüssen (geröstet)	mit gehackten Nüssen	99,0	4,59	25,11	61,94	506,3
Konfekt ohne Schokoladenglasur						
a) Fruchtpaste	Zuckerpaste mit Fruchtmasse	92,6	0	0	87,97	360,7
b) Nusskonfekt	Nusspraline	99,0	8,42	31,25	49,59	528,5
c) Milchkonfekt im Durchschnitt	-	93,9	2,89	7,35	77,71	398,8
"Solotoj kljutschik"	Milch	94,0	3,32	6,98	77,71	397,1
Iris "Prima"	Milch	96,0	2,72	6,60	80,66	403,2
"Tjanutschka"	Milch	91,6	2,64	8,46	74,77	396,1
Obst- und Beerenerzeugnisse						
a) Marmelade im Durchschnitt	-	77,2	0	0	73,25	300,3
Gelee	-	78,0	-	-	74,10	303,8
Form-Apfelmarmelade	Äpfel	78,7	-	-	74,67	306,1
Marmeladeplatten	Äpfel	74,8	-	-	70,97	291,0
b) Obstpaste weiss-rosa	Äpfel	86,0	-	-	81,51	334,2

Süss- und Konditorwaren

(je 100 g des Erzeugnisses) (Fortsetzung)

Bezeichnung der Erzeugnisse	Charakterisierung des Erzeugnisses	% Trockensubstanz	Resorbierbarer geniessbarer Teil			
			Eiweiss	Fette	Kohlenhydr.	Kalorien
Schokolade und Kakao						
a) Schokolade allgemein	-	98,9	5,10	34,13	51,30	548,6
"Vanille"	Gewöhnliche	99,0	4,34	30,78	55,96	533,5
"Solotoj jarlyk"	Dessert	99,0	5,36	34,60	50,54	551,0
"Molotschnyj"	Mit Milchzusatz	98,7	5,78	37,11	47,31	562,8
b) Kakaopulver	Nicht präpariert	94,8	20,06	18,79	38,19	413,6
Dragée						
a) Zucker-, Likör- und Pastendragée im Durchschnitt	-	95,8	0,34	0,74	89,87	376,7
"Barbaris"	Likör	93,1	0	0	38,45	362,6
"Wesna"	Paste	95,6	0,94	2,14	87,59	382,9
"Ssmes melkaja"	Zucker	98,8	0	-	93,86	384,8
b) Nuss (geröstet)	In Schokolade	96,9	4,59	16,28	68,12	449,5
Chalwa (Süsswarenspez.)						
Chalwa allgemein	-	96,7	14,03	29,39	43,42	508,9
"Arachis"	Aus Erdnüssen	97,1	14,20	28,27	44,84	505,0
"Podssolnetschnaja"	Aus Sonnenblumensamen	96,3	15,98	29,30	40,85	505,5
"Tachinnaja"	Aus Sesamsamen	96,7	11,82	30,60	44,65	516,1
Gebäck						
a) Zuckergebäck allgemein	-	94,3	9,86	9,77	67,64	408,6
Sahnegebäck	-	94,7	9,44	9,95	68,40	411,7
Ukrainische Mischung	-	94,0	10,20	9,49	67,36	406,3
b) Dauergebäck allgemein	-	92,5	10,88	8,37	66,03	393,2
"Moskwa"	-	93,0	9,61	9,86	66,60	404,2
"Sport"	-	92,0	12,24	7,72	64,41	386,1
c) Trockengebäck aus Sauerteig	-	92,7	12,07	14,42	58,05	421,6
d) Dauergebäck "Pochod"	-	89,0	12,67	-	68,78	333,9
e) Pfefferminzkuchen	-	87,4	8,93	-	72,58	334,2

Anmerkung: Die Nährstoffe sind in Gramm berechnet.

Pflanzenöle, Margarine und Küchenfette
(je 100 g des Erzeugnisses)

Bezeichnung der Erzeugnisse	Charakterisierung des Erzeugnisses	% Trockensubstanz	Geniessb. Teil des Produkts				Bruttoprodukt			
			Eiweiss	Fette	Kohlenhydr.	Kalorien	Eiweiss	Fette	Kohlenhydr.	Kalorien
Mischfett (Compoundfett)	-	99,2	-	94,05	-	874,7	-	94,05	-	874,7
Küchenfette (Koch- u. Bratfette)	Kombinierte (darunter auch Margaguselin)	99,5	-	94,53	-	879,1	-	94,53	-	879,1
Küchenfette	Pflanzenfette (darunter auch hydriertes Fett)	99,5	-	94,53	-	879,1	-	94,53	-	879,1
Margarine, milchfrei	Ungesalzen	84,6	-	79,80	-	742,1	-	79,80	-	742,1
Margarine, milchfrei	Gesalzen	84,4	-	78,38	-	728,9	-	78,38	-	728,9
Margarine	Milch u. Rahm, ungesalzen	84,3	0,48	78,85	0,39	736,9	0,48	78,85	0,39	736,9
Margarine	Milch u. Rahm, gesalzen	84,3	0,48	77,43	0,39	723,7	0,48	77,43	0,39	723,7
Senföl	Fett	99,8	-	94,81	-	881,7	-	94,81	-	881,7
Sesamöl	Nicht raffiniert	99,7	-	94,72	-	880,9	-	94,72	-	880,9
Leinöl	Raffiniert	99,9	-	94,91	-	882,7	-	94,91	-	882,7
Leinöl	Roh	99,7	-	94,72	-	880,9	-	94,72	-	880,9
Sonnenblumenöl	Nicht raffiniert	99,8	-	94,81	-	881,7	-	94,81	-	881,7
Sonnenblumenöl	Raffiniert	99,9	-	94,91	-	882,6	-	94,91	-	882,6
Sojaöl		99,7	-	94,72	-	880,9	-	94,72	-	880,9
Baumwollsamenöl	Raffiniert	99,7	-	94,72	-	880,9	-	94,72	-	880,9

Anmerkung: Die Nährstoffe sind in Gramm errechnet.
Ein Strich (-) bezeichnet das Fehlen von Angaben.

Fleisch, Fleischprodukte, Eier und Eiererzeugnisse
(je 100 g des Erzeugnisses)

Bezeichnung der Erzeugnisse	% Trockensubstanz	Geniessb. Teil des Produkts				Bruttoprodukt			
		Eiweiss	Fette	Kohlenhydr.	Kalorien	Eiweiss	Fette	Kohlenhydr.	Kalorien
Hammelfleisch von Tieren unterdurchschnittlichen Ernährungszustandes									
Im Durchschnitt	27,5	19,00	5,85	-	132,3	12,92	3,98	-	90,0
Körperteil									
Keule	25,5	17,86	5,04	-	120,1	13,40	3,78	-	90,1
Nierenstück	27,9	18,81	6,39	-	136,5	14,30	4,86	-	103,8
Mittel der 1. Sorte	26,0	18,05	5,31	-	123,4	13,54	3,98	-	92,5
Brust	33,5	18,81	11,52	-	184,3	12,04	7,37	-	117,9
Rücken	29,5	19,29	7,47	-	148,6	11,57	4,48	-	89,1
Schulterteil	26,7	19,57	4,68	-	123,8	13,50	3,23	-	85,4
Bauchstück	26,8	17,48	6,66	-	133,6	17,48	6,66	-	133,6
Mittel der 2. Sorte	28,9	19,19	7,02	-	144,0	13,05	4,77	-	97,9
Hinterhaxen	30,7	24,61	3,06	-	129,4	2,71	0,34	-	14,3
Kammstück	28,2	20,62	4,95	-	130,6	13,20	3,17	-	83,6
Bug (Brustspitze)	27,0	22,71	1,89	-	110,7	5,90	0,49	-	28,7
Mittel der 3. Sorte	28,4	21,85	3,87	-	125,6	10,05	1,78	-	57,7
Hammelfleisch von Tieren durchschnittlichen Ernährungszustandes									
Im Durchschnitt	34,9	16,15	15,30	-	208,5	12,11	11,48	-	156,4
Körperteil									
Keule	31,7	15,68	12,78	-	183,1	12,54	10,22	-	146,5
Nierenstück	38,1	15,11	19,17	-	240,2	12,39	15,72	-	197,0
Mittel der 1. Sorte	33,0	15,58	14,04	-	194,5	12,62	11,37	-	157,5
Brust	40,2	14,35	21,87	-	262,2	10,05	15,31	-	183,6
Rücken	41,7	14,82	22,77	-	272,5	10,52	16,17	-	193,5
Schulterteil	33,6	16,72	13,68	-	195,8	12,54	10,26	-	146,8
Bauchstück	40,3	16,25	20,07	-	253,3	16,25	20,07	-	253,3
Mittel der 2. Sorte	37,2	15,68	17,91	-	230,9	11,76	13,43	-	173,1
Hinterhaxen	32,0	23,37	5,49	-	146,9	7,01	1,65	-	44,1

Kamm	35,3	17,96	13,95	-	203,4	13,29	10,32	-	150,5
Bug (Brustspitze)	29,4	22,23	4,59	-	133,8	9,11	1,88	-	54,8
Mittel der 3. Sorte	32,9	20,24	9,54	-	171,7	11,33	5,34	-	96,1
Hammelfleisch von Tieren überdurchschnittlichen Ernährungszustandes									
Im Durchschnitt	42,9	15,20	23,40	-	279,9	11,86	18,25	-	218,3
Körperteil									
Keule	41,0	16,53	20,34	-	256,9	13,55	16,68	-	210,7
Nierenstück	51,1	13,11	32,76	-	358,4	11,41	28,50	-	311,8
Mittel der 1. Sorte	43,1	15,77	22,95	-	278,1	12,93	18,82	-	228,0
Brust	50,6	12,73	32,76	-	356,9	9,55	24,57	-	267,7
Rücken	51,7	12,83	33,66	-	365,6	9,24	24,24	-	263,2
Schulterteil	34,9	14,63	16,83	-	216,5	11,27	12,96	-	166,7
Bauchstück	49,7	14,54	30,15	-	340,0	14,54	30,15	-	340,0
Mittel der 2. Sorte	43,6	13,78	25,47	-	293,4	10,75	19,87	-	228,9
Hinterhaxen	34,6	23,37	7,83	-	168,6	7,71	2,58	-	55,6
Kamm	43,5	16,44	22,77	-	279,2	12,33	17,08	-	209,4
Bug (Brustspitze)	32,1	22,14	7,11	-	156,9	10,85	3,48	-	76,9
Mittel der 3. Sorte	38,7	19,19	15,75	-	225,2	11,71	9,61	-	137,4
Hammelfleisch, fett									
Im Durchschnitt	47,1	14,54	27,90	-	319,1	11,63	22,32	-	255,3
Körperteil									
Keule	44,4	15,77	24,21	-	289,8	13,25	20,34	-	243,5
Nierenstück	57,4	12,54	39,06	-	414,7	11,16	34,76	-	369,1
Mittel der 1. Sorte	47,2	15,11	27,36	-	316,4	12,84	23,26	-	269,0
Brust	55,3	12,26	37,53	-	399,3	9,44	28,90	-	307,5
Rücken	58,2	12,26	40,14	-	423,6	9,32	30,51	-	322,0
Schulterteil	37,7	13,97	20,07	-	243,9	10,90	15,65	-	190,2
Bauchstück	55,4	13,87	36,00	-	391,7	13,87	36,00	-	391,7
Mittel der 2. Sorte	48,4	13,21	30,42	-	337,1	10,57	24,34	-	269,7
Hinterhaxen	35,3	22,52	9,36	-	179,4	9,68	4,02	-	77,1
Kamm	47,5	15,68	27,18	-	317,1	11,92	20,66	-	241,0
Bug (Brustspitze)	32,4	21,09	8,46	-	165,1	11,60	4,65	-	90,8
Mittel der 3. Sorte	41,0	18,43	18,63	-	248,8	11,80	11,92	-	159,2

Fleisch, Fleischprodukte, Eier und Eiererzeugnisse

(je 100 g des Erzeugnisses)

(Fortsetzung)

Bezeichnung der Erzeugnisse	% Trockensubstanz	Geniessb. Teil des Produkts				Bruttoprodukt			
		Eiweiss	Fette	Kohlenhydr.	Kalorien	Eiweiss	Fette	Kohlenhydr.	Kalorien
Rindfleisch von Tieren unterdurchschnittlichen Ernährungszustandes									
Im Durchschnitt	25,8	19,86	3,42	-	113,2	14,71	2,53	-	83,8
Körperteil									
Rückenstück mit dünner und dicker Querrippe	26,4	20,33	3,51	-	116,0	14,23	2,46	-	81,2
Bruststück	26,5	17,86	5,94	-	128,5	12,50	4,16	-	89,9
Lende	26,2	20,33	3,42	-	115,2	15,25	2,57	-	86,4
Blume	25,6	19,67	3,51	-	113,3	16,33	2,91	-	94,0
Ziem (Keulenmuskel)	25,4	20,14	2,79	-	108,5	15,11	2,09	-	81,4
Oberschale	25,6	20,14	3,15	-	111,9	15,91	2,49	-	88,4
Mittel der 1. Sorte	25,8	19,86	3,51	-	114,1	15,09	2,67	-	86,7
Fehlrippe, hohe Rippe	24,9	19,00	3,24	-	108,0	14,06	2,40	-	80,0
Bauchstück	27,5	20,05	4,86	-	127,4	14,44	3,50	-	91,7
Dünnung (Bauchstück ohne Rippen)	27,7	22,14	2,97	-	118,4	21,92	2,94	-	117,2
Untere Hälfte des Oberschenkels	26,8	20,14	4,14	-	121,1	12,49	2,57	-	75,1
Mittel der 2. Sorte	25,7	19,48	3,60	-	113,3	14,42	2,66	-	83,9
Kammstück	24,1	19,38	2,70	-	104,6	15,31	2,13	-	82,6
Bugstück (Schulterstück)	25,3	20,90	2,07	-	104,9	12,33	1,22	-	61,9
Mittel der 3. Sorte	24,5	19,86	2,52	-	104,9	14,50	1,84	-	76,6
Schlacht-Schnittstelle (Stichfleisch)	24,3	20,81	1,17	-	96,2	11,65	0,66	-	53,9
Vorderhaxen	26,6	21,66	2,61	-	113,1	7,58	0,91	-	39,5
Hinterhaxen	27,6	22,61	2,61	-	117,0	9,04	1,04	-	46,7
Mittel der 4. Sorte	26,2	21,76	2,07	-	108,5	9,57	0,91	-	47,7
Rindfleisch von Tieren durchschnittlichen Ernährungszustandes									
Im Durchschnitt	31,5	19,00	9,45	-	165,8	15,01	7,47	-	131,0

Körperteil									
Rückenstück mit dünner und dicker Querrippe	33,5	19,00	11,25	-	182,5	14,06	8,33	-	135,1
Bruststück	37,0	15,68	17,55	-	227,5	12,39	13,86	-	179,7
Lende	32,0	19,48	9,54	-	168,6	15,39	7,54	-	133,2
Blume	31,5	18,81	9,72	-	167,5	15,99	8,26	-	142,4
Ziem (Keulenmuskel)	30,0	19,48	7,65	-	151,0	15,58	6,12	-	120,8
Oberschale	29,0	19,95	6,30	-	140,4	16,96	5,36	-	119,4
Mittel der 1. Sorte	31,7	19,00	9,63	-	167,5	15,39	7,80	-	135,6
Fehlrippe, hohe Rippe	30,1	19,00	8,10	-	153,2	15,01	6,40	-	121,1
Bauchstück	36,0	18,05	14,40	-	207,9	14,62	11,66	-	168,4
Dünnung (Bauchstück ohne Rippen)	36,0	19,00	13,50	-	203,5	18,81	13,37	-	201,5
Untere Hälfte des Oberschenkels	31,0	19,95	8,10	-	157,1	14,56	5,91	-	114,7
Mittel der 2. Sorte	31,8	19,00	9,72	-	168,3	15,20	7,78	-	134,7
Kammstück	28,5	19,38	6,30	-	138,0	16,09	5,23	-	114,6
Bugstück	28,5	20,90	4,95	-	131,7	13,79	3,27	-	87,0
Mittel der 3. Sorte	28,5	19,86	5,85	-	135,8	15,49	4,56	-	105,9
Schlacht-Schnittstelle (Stichfleisch)	28,0	19,00	6,30	-	136,5	11,59	3,84	-	83,3
Vorderhaxen	28,0	20,90	4,50	-	127,5	7,73	1,67	-	47,2
Hinterhaxen	31,0	22,80	5,40	-	143,7	9,58	2,27	-	60,4
Mittel der 4. Sorte	29,5	21,28	5,49	-	138,3	9,58	2,47	-	62,2
Rindfleisch von Tieren überdurchschnittlichen Ernährungszustandes									
Im Durchschnitt	38,4	18,15	16,47	-	227,6	14,88	13,51	-	186,7
Körperteil									
Rückenstück mit dünner und dicker Querrippe	45,4	17,10	23,94	-	292,8	13,68	19,15	-	234,2
Bruststück	48,0	13,97	29,07	-	327,6	11,60	24,13	-	272,0
Lende	39,6	18,15	17,64	-	238,5	14,70	14,29	-	193,2
Blume	39,5	17,48	18,00	-	239,1	15,21	15,66	-	208,0
Ziem (Keulenmuskel)	31,6	19,76	8,82	-	163,0	16,20	7,23	-	133,7
Oberschale	33,9	17,96	12,60	-	190,8	15,45	10,84	-	164,2
Mittel der 1. Sorte	39,3	17,58	17,82	-	237,8	14,59	14,79	-	197,4
Fehlrippe, hohe Rippe	34,7	19,10	12,24	-	192,1	15,47	9,91	-	155,6

Fleisch, Fleischprodukte, Eier und Eiererzeugnisse

(je 100 g des Erzeugnisses)

(Fortsetzung)

Bezeichnung der Erzeugnisse	% Trockensubstanz	Geniessb. Teil des Produkts				Bruttoprodukt			
		Eiweiss	Fette	Kohlenhydr.	Kalorien	Eiweiss	Fette	Kohlenhydr.	Kalorien
Bauchstück	45,6	17,20	23,85	-	292,3	14,45	20,03	-	245,5
Dünnung (Bauchstück o. Rippen)	52,0	17,39	29,70	-	347,5	17,22	29,40	-	344,0
Untere Hälfte des Oberschenkels	37,9	17,96	16,20	-	224,3	13,47	12,15	-	168,2
Mittel der 3. Sorte	38,2	18,43	16,11	-	225,4	15,11	13,21	-	184,8
Kammstück	32,0	19,48	9,45	-	167,8	16,56	8,03	-	142,6
Bugstück	31,4	21,00	7,47	-	155,6	14,70	5,23	-	108,9
Mittel der 3. Sorte	31,8	19,86	8,91	-	164,3	15,89	7,13	-	131,5
Schlacht-Schnittstelle (Stichfleisch)	32,5	21,19	8,55	-	166,4	13,56	5,47	-	106,5
Vorderhaxen	30,0	19,95	7,29	-	149,6	9,38	3,43	-	70,4
Hinterhaxen	29,7	20,71	6,30	-	143,5	10,15	3,09	-	70,4
Mittel der 4. Sorte	30,6	20,62	7,29	-	152,3	10,93	3,86	-	80,7
Rindfleisch, fett									
Im Durchschnitt	41,4	16,63	20,70	-	260,7	13,80	17,18	-	216,4
Körperteil									
Rückenstück mit dünner und dicker Querrippe	48,3	14,92	28,62	-	327,3	12,23	23,47	-	268,4
Bruststück	53,2	13,02	34,65	-	375,6	11,07	29,45	-	319,3
Lende	41,3	17,01	20,25	-	258,1	13,78	16,40	-	209,0
Blume	40,9	16,44	20,61	-	259,1	14,30	17,93	-	225,4
Ziem (Keulenmuskel)	33,9	18,72	11,61	-	184,7	15,54	9,64	-	153,4
Oberschale	37,7	17,48	16,47	-	224,8	15,21	14,33	-	195,6
Mittel der 1. Sorte	42,3	16,34	21,78	-	269,5	13,73	18,30	-	226,5
Fehlrippe, hohe Rippe	36,9	17,29	15,93	-	219,0	14,00	12,90	-	177,4
Bauchstück	50,4	15,01	30,51	-	345,3	12,91	26,24	-	297,0
Dünnung (Bauchstück ohne Rippen)	54,2	15,39	33,57	-	375,3	15,24	33,23	-	371,5
Untere Hälfte des Oberschenkels	40,3	17,48	18,81	-	246,6	13,28	14,30	-	187,4
Mittel der 2. Sorte	41,5	16,63	20,79	-	261,5	13,80	17,26	-	217,1
Kammstück	33,3	17,67	12,33	-	187,1	15,02	10,48	-	159,0
Bugstück	33,6	19,95	10,44	-	178,9	14,76	7,73	-	132,4
Mittel der 3. Sorte	33,4	18,34	11,79	-	184,8	14,86	9,55	-	149,7
Schlacht-Schnittstelle (Stichfleisch)	36,0	19,00	13,50	-	203,5	12,35	8,78	-	132,3

Vorderhaxen	30,3	18,62	8,64	-	156,7	9,31	4,34	-	78,5
Hinterhaxen	29,8	19,00	7,92	-	151,6	10,07	4,20	-	80,3
Mittel der 4. Sorte	32,0	19,00	9,90	-	170,0	11,02	5,74	-	98,6
Einige besondere Fleischsorten									
Im Durchschnitt	24,8	19,95	1,80	-	98,5	-	-	-	-
Pökelfleisch aus Rindfleisch von Tieren durchschnittlichen Ernährungszustandes	43,0	18,53	9,45	-	163,9	14,64	7,47	-	129,5
Hasenfleisch	33,2	22,33	0,90	0,20	100,7	-	-	-	-
Walfleisch	28,4	21,85	3,78	-	124,7	-	-	-	-
Pferdefleisch von Tieren durchschnittlichen Ernährungszustandes	25,7	20,43	9,00	-	167,5	-	-	-	-
Kaninchenfleisch	30,7	20,43	7,20	-	150,7	-	-	-	-
Hirschfleisch (Kola-Halbinsel)									
Fleisch von Tieren unterdurchschnittlichen Ernährungszustandes	22,0	17,10	2,25	0,20	91,9	-	-	-	-
Fleisch von Tieren durchschnittlichen Ernährungszustandes	27,1	18,05	5,40	0,98	128,2	-	-	-	-
Hirschfleisch, fett	40,5	16,15	19,80	0,49	252,4	-	-	-	-
Schweinefleisch									
Schweinefleisch, fett	52,1	13,78	33,30	-	366,2	12,40	29,97	-	329,6
Schweinefleisch, halbfett	38,9	16,15	18,90	-	242,0	14,21	16,63	-	212,9
Schinkenfleisch	37,5	18,05	15,75	-	220,5	15,34	13,39	-	187,4
Schweinefleisch, mager, keine handelsübliche Sorte	27,1	20,43	4,05	-	121,4	16,75	3,32	-	99,6
Schweinefleisch-Flicken	34,7	22,33	9,00	-	175,3	18,53	7,47	-	145,4
Kalbfleisch									
Kalbfleisch, mager	21,8	19,00	0,45	-	82,1	13,30	0,32	-	57,5
Kalbfleisch, fett	27,2	18,05	6,75	-	136,8	14,26	5,33	-	108,0
Sonstige Fleischarten									
Seehundfleisch (südl. Kaspisches Meer)	38,5	24,23	4,05	7,06	166,0	-	-	-	-
Seehundfleisch vom Muttertier im Herbst (Barentsee)	31,5	23,28	3,15	2,45	134,8	-	-	-	-
Seehundfleisch, grönländisches, gesalzen	41,0	24,70	2,70	0,98	130,4	-	-	-	-
Yakfleisch (Grunzochs, Bos grunnicus) (Kirgisien)	24,9	19,00	3,15	0,20	108,0	-	-	-	-

Fleisch, Fleischprodukte, Eier und Eiererzeugnisse

(je 100 g des Erzeugnisses)

(Fortsetzung)

Bezeichnung der Erzeugnisse	% Trocken-substanz	Geniessb. Teil des Produkts				Bruttoprodukt			
		Eiweiss	Fette	Kohlenhydr.	Kalorien	Eiweiss	Fette	Kohlenhydr.	Kalorien
Geflügel, geschlachtet									
Gänsefleisch (Durchschnitt)	46,6	15,68	26,10	-	307,0	-	-	-	-
Putenfleisch (Durchschnitt)	34,2	23,28	7,65	-	166,6	-	-	-	-
Hühnerfleisch (Durchschnitt)	26,1	19,00	4,50	-	119,8	-	-	-	-
Kückenfleisch (Durchschnitt)	25,0	20,43	2,25	-	104,7	-	-	-	-
Feldhuhnfleisch (Durchschnitt)	28,0	23,75	1,35	-	109,9	-	-	-	-
Entenfleisch (Durchschnitt)	38,8	17,58	17,10	-	231,1	-	-	-	-
Fleischprodukte									
Schinken (Durchschnitt)	55,0	16,15	31,50	-	359,2	15,50	30,24	-	344,8
Brust	75,0	9,50	54,90	-	549,5	7,41	42,82	-	428,6
Kochwurst "Ljubitelskaja"	45,0	13,02	25,11	-	286,9	12,76	24,61	-	281,2
Kochwurst, Einzelstücke	32,0	11,88	13,59	1,18	179,9	11,64	13,32	1,16	176,4
Teewurst	28,0	11,69	10,35	1,18	149,0	11,46	10,14	1,16	146,0
Poltawaer halbgeräucherte Wurst	60,0	14,82	36,27	-	398,1	14,52	35,54	-	390,1
Krakauer halbgeräucherte Wurst	55,0	14,82	31,77	-	356,2	14,52	31,13	-	349,0
Polnische halbgeräucherte Wurst	50,0	19,19	22,50	-	287,9	18,81	22,05	-	282,2
Ukrainische halbgeräucherte Wurst	52,0	17,01	26,64	-	317,5	16,67	26,11	-	311,2
Moskauer Rauchwurst	70,0	20,43	37,35	-	431,1	19,92	36,42	-	420,4
Rinderblut, roh	19,3	17,10	0,18	0,10	72,2	17,10	0,18	0,10	72,2
Rinderblut, getrocknet	93,5	83,65	0,90	0,49	353,3	83,65	0,90	0,49	353,3
Rücken	75,0	10,45	54,00	-	545,0	8,36	43,20	-	436,0
Rinderlunge	20,0	14,25	2,25	0,98	83,4	12,97	2,05	0,89	75,9
Knochenmark	96,5	1,90	83,25	-	782,0	1,90	83,25	-	782,0
Hirn	19,5	8,55	8,55	-	114,6	7,44	7,44	-	95,7
Rinderleber	28,0	18,05	4,05	2,94	123,7	16,79	3,77	2,73	115,1
Rinderniere	23,0	16,15	4,05	0,49	105,9	15,02	3,77	0,46	98,5
Rinderpansen	12,5	9,98	0,90	-	49,3	-	-	-	-
Bockwurst	30,0	14,25	9,18	1,37	149,4	14,25	9,18	1,37	149,4
Rindermilz	24,5	16,63	3,60	1,47	107,7	-	-	-	-
Rinderherz	29,0	16,63	9,45	-	156,1	15,13	8,60	-	142,0
Ziesschen, sowjetische (Frankfurter)	35,0	11,78	17,46	0,39	212,3	11,78	17,46	0,39	212,3
Rinderzunge (ohne Gurgel)	34,5	15,20	15,75	-	208,8	15,20	15,75	-	208,8

Fette, tierische									
Rinderfett, geschmolzen (Talg)	99,5	0,48	89,01	-	829,7	0,48	89,01	-	829,7
Schweinefett, geschmolzen (Schmalz)	99,5	0,19	89,37	-	831,9	0,19	89,37	-	831,9
Speck	97,0	1,90	81,90	-	769,5	1,82	78,62	-	738,6
Eier									
Eier, ganze	26,0	12,00	11,40	0,49	157,2	10,56	10,03	0,43	138,3
Melange (ausgeschlagenes Ei)	26,0	12,00	11,40	0,49	157,2	12,00	11,40	0,49	157,2
Eigelb	46,5	15,36	27,55	0,49	321,2	15,36	27,55	0,49	321,2
Eipulver	91,5	49,92	34,20	-	522,7	49,92	34,20	-	522,7

Anmerkung: Die Nährstoffe sind in Gramm berechnet. Wegen Fehlens von Angaben über die Abfallmengen konnte die Resorbierbarkeit des Bruttoprodukts bei einigen Nahrungsmitteln nicht ermittelt werden. Ein Strich (-) bedeutet Fehlen der Angaben.

Milch und Milcherzeugnisse

(je 100 g des Erzeugnisses)

Bezeichnung der Erzeugnisse	Charakterisierung des Erzeugnisses	% Trockensubstanz	Geniessb. Teil des Produkts				Bruttoprodukt			
			Eiweiss	Fette	Kohlenhydr.	Kalorien	Eiweiss	Fette	Kohlenhydr.	Kalorien
Milch										
Büffelkuhmilch	-	17,8	4,32	7,13	4,90	104,1	4,32	7,13	4,90	104,1
Kamelmilch	-	14,7	3,46	5,04	5,00	81,6	3,46	5,04	5,00	81,6
Stutenmilch	-	10,4	1,73	1,62	6,37	48,3	1,73	1,62	6,37	48,3
Ziegenmilch	-	12,8	3,36	3,80	4,41	67,2	3,36	3,80	4,41	67,2
Kuhmilch (Durchschnitt in der UdSSR)	Vollmilch	12,3	3,26	3,52	4,41	64,2	3,26	3,52	4,41	64,2
Kuhmilch der Gebiete Jaroslaw, Kostroma, Wologodsk, Kirow, Perm und Archangelsk	Vollmilch	12,7	3,46	3,61	4,51	66,3	3,46	3,61	4,51	66,3
Kuhmilch des Baltikums	Vollmilch	12,0	3,55	3,23	4,12	61,5	3,55	3,23	4,12	61,5
Kuhmilch des Kreises Altai	Vollmilch	13,3	3,26	4,37	4,51	72,5	3,26	4,37	4,51	72,5
Kuhmilch des Gebietes Dnjepropetrowsk	Vollmilch	12,7	3,46	3,33	4,90	65,2	3,46	3,33	4,90	65,2
Kuhmilch, Leningrader	Vollmilch	12,5	3,46	3,52	4,41	65,0	3,46	3,52	4,41	65,0
Kuhmilch, Moskauer	Vollmilch	12,2	3,07	3,33	4,41	61,6	3,07	3,33	4,41	61,6
Kuhmilch, Nowotscherkassker	Vollmilch	12,7	3,46	3,52	4,61	65,8	3,46	3,52	4,61	65,8
Kuhmilch, Ssaratower	Vollmilch	12,5	3,36	3,61	4,41	65,4	3,36	3,61	4,41	65,4
Kuhmilch, Swerdlowsker	Vollmilch	12,6	3,55	3,52	4,41	65,4	3,55	3,52	4,41	65,4
Kuhmilch	Entrahmt	9,3	3,84	0,10	4,41	34,8	3,84	0,10	4,41	34,8
Kuhmilch	Trocken-Vollmilch	97,0	27,36	24,80	35,97	490,3	27,36	24,80	35,97	490,3
Kuhmilch	Trocken-Magermilch	95,0	35,52	0,95	49,49	357,4	35,52	0,95	49,49	357,4
Kuhmilch	Trocken-Vollmilch mit Zucker	97,0	23,52	23,75	41,65	488,1	23,52	23,75	41,65	488,1
Schafsmilch	Vollmilch	15,9	4,80	5,70	3,92	88,8	4,80	5,70	3,92	88,8
Hirschmilch	Vollmilch	35,0	10,08	19,00	2,94	230,1	10,08	19,00	2,94	230,1
Malzmilch	Trockenmilch	97,0	18,24	7,13	66,64	414,3	18,24	7,13	66,64	414,3

Butter										
Rahmbutter, ungesalzen	-	84,6	0,48	79,33	0,49	741,7	0,48	79,33	0,49	741,7
Rahmbutter, gesalzen	-	85,1	0,48	78,85	0,49	737,3	0,48	78,85	0,49	737,3
Schokoladenbutter	-	92,7	0,96	59,38	18,62	632,5	0,96	59,38	18,62	632,5
Geschmolzene Butter (Küchenbutter)	-	99,0	-	94,05	-	874,7	-	94,05	-	874,7
Milcherzeugnisse										
Kefir	Schwach (eintägig)	12,6	3,36	3,33	4,80	64,4	3,36	3,33	4,80	64,4
Kefir	Mittel (zweitägig)	12,0	3,36	3,33	4,21	62,0	3,36	3,33	4,21	62,0
Kefir	Stark (dreitägig)	11,8	3,36	3,33	4,02	61,2	3,36	3,33	4,02	61,2
Kumys (gegorene Stutenmilch)	Schwach (eintägig)	8,8	1,73	1,43	4,90	40,5	1,73	1,43	4,90	40,5
Kumys	Mittel (zweitägig)	7,5	1,63	1,43	3,72	35,2	1,63	1,43	3,72	35,2
Kumys	Stark (dreitägig)	7,0	1,54	1,43	3,33	33,3	1,54	1,43	3,33	33,3
Acidophilmilch (Milchspezialgetränk)		12,1	3,36	3,33	4,31	62,4	3,36	3,33	4,31	62,4
Buttermilch	Trockene	97,0	35,04	3,33	49,00	375,5	35,04	3,33	49,00	375,5
Sauermilch, dicke Milch	-	12,1	3,36	3,33	4,21	62,0	3,36	3,33	4,21	62,0
Rahm	20 % Fettgehalt	27,2	2,88	19,00	3,43	202,6	2,88	19,00	3,43	202,6
Rahm	35 % Fettgehalt	42,3	2,88	33,25	3,43	335,1	2,88	33,25	3,43	335,1
Rahm	Trocken, ohne Zucker	97,7	21,12	41,33	30,18	594,7	21,12	41,33	30,18	594,7
Saure Sahne aus Kuhmilch	Höchste Qualität	41,0	1,92	34,20	2,45	336,0	1,92	34,20	2,45	336,0
Saure Sahne aus Kuhmilch	1. Sorte	36,0	2,88	28,50	2,45	286,9	2,88	28,50	2,45	286,9
Saure Sahne aus Kuhmilch	2. Sorte	31,0	2,88	23,75	2,45	242,7	2,88	23,75	2,45	242,7
Molke	Trocken	91,5	13,44	4,28	63,70	356,1	13,44	4,28	63,70	356,1
Quark	Fett (aus Vollmilch)	35,0	14,40	17,10	0,98	222,1	14,40	17,10	0,98	222,1
Quark	Mager (aus entrahmter Milch)	20,0	16,80	0,48	0,98	77,4	16,80	0,48	0,98	77,4
Quarkmasse	Fett, süss	44,5	12,00	15,20	14,70	250,8	12,00	15,20	14,70	250,8
Quarkmasse	Entrahmt, süss	34,0	14,40	0,48	17,15	133,8	14,40	0,48	17,15	133,8
Quarkmasse	Fett, gesalzen	37,0	14,40	17,10	1,47	224,1	14,40	17,10	1,47	224,1
Quarkmasse	Entrahmt, gesalzen	23,5	17,28	0,48	1,96	83,3	17,28	0,48	1,96	83,3
Quarkkäschen	Süss	50,0	18,72	14,25	14,21	267,5	18,72	14,25	14,21	267,5
Speiseeis	Aus Milch	29,6	3,07	3,33	21,76	132,8	3,07	3,33	21,76	132,8
Speiseeis	Aus Sahne	31,5	3,84	9,50	16,66	172,4	3,84	9,50	16,66	172,4
Speiseeis	"Plombir"	38,5	3,84	14,25	18,62	224,6	3,84	14,25	18,62	224,6
Speiseeis	"Eskimo" aus Milch	32,0	3,86	3,33	24,01	134,2	3,36	3,33	24,01	143,2
Speiseeis	"Eskimo" aus Sahne	31,5	3,84	9,50	16,66	172,4	3,84	9,50	16,66	172,4

Milch und Milcherzeugnisse

(je 100 g des Erzeugnisses)

(Fortsetzung)

Bezeichnung der Erzeugnisse	Charakterisierung des Erzeugnisses	% Trockensubstanz	Geniessb. Teil des Produkts				Bruttoprodukt			
			Eiweiss	Fette	Kohlenhydr.	Kalorien	Eiweiss	Fette	Kohlenhydr.	Kalorien
Käse										
Käse, verschiedene, im Durchschnitt	50 % Fettgehalt	56,5	19,20	27,08	3,43	344,6	18,05	25,46	3,22	324,0
Käse, verschiedene, im Durchschnitt	45 % "	55,5	21,60	23,75	3,43	323,5	20,30	22,33	3,22	304,1
Käse, verschiedene, im Durchschnitt	40 % "	52,5	22,56	19,95	3,43	292,1	21,21	18,75	3,22	274,5
Käse, Sowjetischer	50 % "	56,0	17,76	26,60	4,41	338,3	16,34	24,47	4,06	311,2
Käse, Sowjetischer	45 % "	56,0	20,64	23,75	4,41	323,6	18,99	21,85	4,06	297,7
Käse, Schweizer	50 % "	58,0	18,72	27,55	4,41	351,0	17,22	25,35	4,06	323,0
Käse, Schweizer	45 % "	58,0	21,60	24,70	4,41	336,4	19,87	22,72	4,06	309,4
Holländischer u. Steppenkäse	50 % "	56,0	18,72	26,60	2,45	334,2	17,60	25,00	2,30	314,1
Holländischer u. Steppenkäse	45 % "	56,0	21,60	23,75	2,45	319,5	20,30	22,33	2,30	300,3
Holländischer u. Steppenkäse	40 % "	52,0	21,60	19,95	2,45	284,1	20,30	18,75	2,30	267,0
Holländischer u. Steppenkäse	30 % "	48,0	24,00	13,78	2,45	236,6	22,56	12,95	2,30	222,4
Lettländischer u. Jarzewer Käse	50 % "	52,0	17,28	24,70	2,45	310,6	16,24	23,22	2,30	292,0
Lettländischer u. Jarzewer Käse	45 % "	52,0	19,68	22,33	2,45	298,4	18,50	20,99	2,30	280,5
Lettländischer u. Jarzewer Käse	40 % "	48,0	20,16	18,05	2,45	260,6	18,95	16,97	2,30	244,9
Lettländischer u. Jarzewer Käse	30 % "	46,5	23,04	13,78	2,45	232,7	21,66	12,95	2,30	218,7
Wolgakäse	50 % "	54,0	18,24	25,65	3,43	327,4	17,15	24,11	3,22	307,7
Wolgakäse	45 % "	52,0	19,68	22,33	3,43	302,4	18,50	20,99	3,22	284,3
Moskauer Käse	50 % "	58,0	20,64	27,55	3,43	354,9	19,40	25,90	3,22	333,6
Moskauer Käse	45 % "	58,0	23,04	24,70	3,43	338,2	21,66	23,22	3,22	318,0
Smolensker Käse	45 % "	48,0	17,76	20,43	3,43	276,9	16,69	19,20	3,22	260,2
Uglitscher Käse	45 % "	55,0	20,64	23,75	3.92	321,6	19,40	22,33	3,68	302,3
Uglitscher Käse	40 % "	55,0	24,00	20,90	3,43	306,8	22,56	19,65	3,22	288,4

Jaroslawer Käse	50 %	"	58,0	20,64	27,55	3,43	354,9	19,40	25,90	3,22	333,6
Jaroslawer Käse	45 %	"	58,0	23,04	24,70	3,43	338,2	21,66	23,22	3,22	318,0
Schafskäse, südlicher	50 %	"	60,0	21,60	28,50	3,43	367,7	20,30	26,79	3,22	345,6
Schafskäse, südlicher	45 %	"	57,0	22,56	24,23	3,43	331,9	21,21	22,78	3,22	312,0
Schafskäse, südlicher	40 %	"	55,0	23,52	20,90	3,92	306,9	22,11	19,65	3,68	288,5
Aragatzker Käse	50 %	"	58,0	20,64	27,55	3,43	354,9	19,40	25,90	3,22	333,6
Aragatzker Käse	45 %	"	56,0	22,08	23,75	3,43	325,5	20,76	22,33	3,22	306,0
Cheddar	50 %	"	58,0	20,64	27,55	3,43	354,9	19,40	25,90	3,22	333,6
Cheddar	45 %	"	45,0	22,08	23,75	3,43	325,5	20,76	22,33	3,22	306,0
Altai-Gebirgskäse	50 %	"	58,0	20,64	27,55	3,43	354,9	19,40	25,90	3,22	333,6
Altai-Gebirgskäse	45 %	"	56,0	22,08	23,75	3,43	325,5	20,76	22,33	3,22	306,0
Schmelzkäse (holländischer, sowjetischer, schweizer, lettländischer, Cheddar)	45 %	"	52,0	20,16	22,33	2,94	302,4	20,16	22,33	2,94	302,4
Schmelzkäse (junger, holländischer, lettländischer, Roquefort)	40 %	"	50,0	21,60	19,00	2,94	277,3	21,60	19,00	2,94	277,3
Schmelzkäse, junger	30 %	"	46,0	24,00	13,44	2,40	233,2	24,00	13,44	2,40	233,2
Kochkäse, Swerdlowsker		-	39,0	25,92	6,18	1,96	171,8	25,92	6,18	1,96	171,8
Roquefortkäse aus Schafsmilch		-	62,0	23,04	29,45	1,96	376,4	21,66	27,68	1,84	353,8
Käse aus Hirschmilch		-	83,5	31,20	44,65	0,98	547,2	29,33	41,97	0,92	514,3
Schafskäse	45 %	"	46,0	13,73	19,67	2,94	251,3	13,73	19,67	2,94	251,3
Schafskäse	40 %	"	45,0	15,36	17,10	2,94	234,1	15,36	17,10	2,94	234,1
Schafskäse	30 %	"	43,0	18,24	12,35	2,94	201,7	18,24	12,35	2,94	201,7

Anmerkung: Die Nährstoffe sind in Gramm errechnet.
Ein Strich (-) bedeutet Fehlen von Angaben.

Fische und
(je 100 g des

Bezeichnung der Erzeugnisse	Charakterisierung des Erzeugnisses Fangort, Saison, Ausmass, Kategorie, Art der Herrichtung	% Trockensubstanz
Frischfisch		
Hausen, ohne Kopf	Kaspisches, Asowsches u. Schwarzes Meer mittelgross	25,0
Sandkühling (Neogobius fluviatilis Pal.)	Asowsches u. Schwarzes Meer, alle Grössen	18,1
Plötze (Rutilus rutilus caspius Jakovlev)	Kaspisches Meer, alle Grössen	21,9
Buckellachs (Oncorhynchus gorbuscha Walb.)	Kamtschatka, alle Grössen	29,0
Buckellachs	Amur, alle Grössen	30,0
Güster, Pliete (Abramis blicca Bl. und Blicca björkna L.)	Wolga-Kaspisches Meer, alle Grössen	22,0
Rapfen (Aspius aspius L.)	Kaspisches Meer und Aralsee, gross und mittel	22,5
Sruffbutt, Flunder (Pleuronectes flesus L.)	Schwarzes Meer, alle Grössen	16,9
Polarbutt (Liopsetta glacialis Pal.)	Nördlicher, alle Grössen	21,4
Karausche (Carassius carassius L.)	Sibirien und andere Gebiete, grosse und kleine	21,7
Teichkarpfen	Zweijährig	20,9
Rotfeder (Leuciscus erythrophtalmus L.)	Kaspisches Meer und Aralsee, alle Grössen	20,0
Ketalachs (Oncorhynchus keta Walb.)	Kamtschatka, alle Grössen	30,9
Ketalachs	Amur, alle Grössen	32,4
Stint (Osmerus eperlanus L.)	Ladogasee, Frühjahrsfang, alle Grössen	20,4
Blei (Abramis brama L.)	Asowsches Meer, Auslese	25,4
Blei	Kaspisches Meer, Auslese, gross	26,0
Blei	Aralsee, mittel und klein	21,7
Neunauge (Lamprete, Petromyzon marinus L.)	Kaspisches Meer	44,9
Seebarsch	Nördlicher, alle Grössen	25,1
Sibir. Schnäpel, Maräne (Salmo muxun)	Sibirien, alle Grössen	24,9
Navaga, Weissmeer-, (Dorschart) (Gadus navaga Lepech)	Nördliche, alle Grössen	18,6
Quappe, Aalrutte (Lota vulgaris Flem. und Lota lota L.)	Sibirien, Amur und andere Gebiete, alle Grössen	20,9
Art sibirische Lachsforelle (Salmo nelma)	Sibirien, gross	29,7
Rotlachs (Oncorhynchus nerka Walb.)	Kamtschatka, alle Grössen	30,2
Flussbarsch	Kaspisches Meer, Sibirien, Aralsee, gross und klein	20,8
Stör, russischer, o/Kopf (Acipenser güldenstädti Brandt)	Asowsches Meer, gross, mittel	28,6
Stör, sibirischer, o/Kopf (Acipenser baeri Brandt)	Gross	32,2
Heilbutt (Hippoglossus hippoglossus L.)	Nördlicher, gross und klein	23,3
Schellfisch	Nördlicher, alle Grössen	19,1

Fischwaren

Erzeugnisses)

Geniessb. Teil des Produkts				Bruttoprodukt			
Eiweiss	Fette	Kohlenhydrate	Kalorien	Eiweiss	Fette	Kohlenhydrate	Kalorien
16,06	6,30	-	124,4	12,37	4,85	-	95,8
15,01	0,72	-	68,2	-	-	-	-
17,39	1,98	-	89,7	9,56	1,09	-	49,3
20,43	5,40	-	134,0	-	-	-	-
19,19	7,47	-	148,2	-	-	-	-
17,48	1,80	-	88,4	-	-	-	-
17,86	2,34	-	95,0	-	-	-	-
14,06	0,81	-	65,2	-	-	-	-
15,39	2,34	-	84,9	8,46	1,29	-	46,7
17,29	1,71	-	86,8	-	-	-	-
15,20	3,24	-	92,5	6,84	1,46	-	41,6
16,72	0,72	-	75,2	-	-	-	-
19,76	8,01	-	155,5	-	-	-	-
19,86	9,90	-	173,5	-	-	-	-
14,63	2,34	-	81,7	-	-	-	-
15,96	6,84	-	129,0	7,98	3,42	-	64,5
17,86	5,40	-	123,4	8,93	2,70	-	61,7
16,82	2,52	-	92,4	8,41	1,26	-	46,2
12,54	27,27	-	305,0	-	-	-	-
16,91	5,31	-	118,7	9,30	2,92	-	65,3
17,58	4,68	-	115,6	-	-	-	-
15,87	0,45	-	69,3	7,94	0,23	-	34,7
18,15	0,45	-	78,6	-	-	-	-
18,43	8,28	-	152,6	10,32	4,64	-	85,5
20,33	6,93	-	147,8	-	-	-	-
17,58	C,81	-	79,6	-	-	-	-
15,58	9,81	-	155,1	12,00	7,55	-	119,4
15,01	13,86	-	190,4	11,56	10,67	-	146,6
17,96	2,70	-	98,7	-	-	-	-
16,63	0,27	-	70,7	-	-	-	-

Fische und

(je 100 g des

Bezeichnung der Erzeugnisse	Charakterisierung des Erzeugnisses Fangort, Saison, Ausmass, Kategorie, Art der Herrichtung	% Trockensubstanz
Plötze, Rotauge (Leuciscus rutilus L.)	Sibirische, gross	23,2
Buckelmaräne (sib. Lachsart, Coregonus lavaretus pidschian Gmelin)	Sibirische, alle Grössen	24,6
Karpfen	Kaspisches Meer und Aralsee, alle Grössen	22,0
Karpfen	Asowsches Meer, gross	25,5
Karpfen	Asowsches Meer, mittel	23,4
Sternhausen o/Kopf (langrüsselige Störart) (Acipenser stellatus Pall.)	Kaspisches und Asowsches Meer, gross, mittel	30,2
Wolchow-Maräne (Coregonus lavaretus baeri Kessler)	Ladogasee, gross, mittel	27,7
Skumbria (Scomber scombrus L.)	Schwarzes Meer, gross	35,3
Wels (Silurus glanis L.)	Kaspisches Meer, Auslese	29,6
Wels	Asowsches Meer, mittel	22,3
Zope, Pleizen (Abramis ballerus L.)	Kaspisches Meer, alle Grössen	20,6
Zander	Kaspisches Meer, Asowsches Meer, Aralsee, alle Grössen	21,1
Dorsch, Kabeljau (Gadus morrhua L.)	Nördlicher, baltischer, fernöstlicher, alle Grössen	19,2
Aal	Baltischer, gross, mittel	46,5
Barbe, kaspische (Barbus barbus L.)	Kura, Auslese, gross	26,9
Barbe	Aralsee, Auslese	30,8
Tschir, sib. Lachsart (Coregonus nasus Pall.)	Sibirischer, gross	29,8
Hecht (Esox lucius L.)	Kaspisches Meer, Aralsee, Asowsches Meer, alle Grössen	20,6
Fischwaren		
Zobel (Abramis aspa (sapa) Pall.), kaltgeräuchert	Aralsee, Herbstfang, gross,	
Karpfenart	nicht ausgenommen	50,9
Hausen, kaltgeräuchert	Kaspisches Meer	44,5
Weisslachs, gedörrt	Kaspisches Meer	47,3
Plötze, gedörrt	Kaspisches Meer, Frühjahrsfang, Auslese, nicht ausgenommen	64,2
Plötze, gedörrt	Kaspisches Meer, Frühjahrsfang, gross, mittel, klein, nicht ausgenommen	66,8
Plötze, gesalzen	Kaspisches Meer, Frühjahrsfang, gross, mittel, klein, nicht ausgenommen	44,4
Plötze, gesalzen	Kaspisches Meer, Herbstfang, gross, mittel, klein, nicht ausgenommen	49,6
Plötze, kaltgeräuchert	Kaspisches Meer, Frühjahrsfang, Auslese, gross, mittel, nicht ausgenommen	51,6
Plötze, kaltgeräuchert	Kaspisches Meer, Herbstfang, Auslese gross, mittel, nicht ausgenommen	47,8
Buckellachs, gesalzen	Westsachalin, Sommerfang, verschiedene Grössen, ausgenommen	48,6
Buckellachs, gesalzen	Ostsachalin, Sommerfang, verschiedene Grössen, ausgenommen	47,0
Buckellachs, gesalzen	Ochotskisches Meer und Kamtschatka Sommerfang, verschiedene Grössen, ausgenommen	45,7

Anmerkung: [1]) mit Kopf [2]) ohne Kopf

Fischwaren

Erzeugnisses) (Fortsetzung)

Geniessb. Teil des Produkts				Bruttoprodukt			
Eiweiss	Fette	Kohlen-hydrate	Kalorien	Eiweiss	Fette	Kohlen-hydrate	Kalorien
17,67	2,70	-	97,6	-	-	-	-
17,10	4,86	-	115,3	-	-	-	-
17,29	2,43	-	93,5	8,65	1,22	-	46,8
17,48	5,40	-	121,9	8,74	2,70	-	60,9
17,48	3,51	-	104,3	8,74	1,75	-	52,1
16,34	10,71	-	166,6	12,58	8,25	-	128,3
18,05	6,75	-	136,8	9,57	3,58	-	72,5
16,53	14,94	-	206,7	-	-	-	-
15,96	10,62	-	164,2	7,66	5,10	-	78,8
16,53	3,42	-	99,6	7,93	1,64	-	47,8
17,39	0,90	-	79,7	-	--	-	-
18,05	0,72	-	80,7	9,02	0,36	-	40,3
16,72	0,36	-	71,9	9,36	0,20	-	40,2[1]
				12,87	0,28	-	55,4[2]
13,97	27,27	-	310,9	-	-	-	-
19,38	4,77	-	123,8	10,85	2,67	-	69,3
17,67	10,08	-	166,2	9,90	5,64	-	93,0
17,39	9,27	-	157,5	-	-	-	-
17,86	0,63	-	79,1	8,22	0,29	-	36,4
26,13	13,41	-	231,8	-	-	-	-
17,29	15,48	-	214,9	-	-	-	-
19,10	16,11	-	228,1	-	-	-	-
42,85	5,76	-	229,3	15,73	2,11	-	84,1
45,31	4,23	-	225,1	16,63	1,55	-	82,6
23,09	2,61	-	118,9	9,47	1,07	-	48,8
24,61	5,76	-	154,5	12,55	2,94	-	78,8
31,45	5,58	-	180,8	13,30	2,36	-	76,5
26,89	5,94	-	165,5	11,97	2,64	-	73,6
20,90	12,15	-	198,7	15,68	9,11	-	149,0
21,85	8,55	-	169,1	16,39	6,41	-	126,8
20,62	7,02	-	149,8	15,47	5,27	-	112,4

Fische und

(je 100 g des

Bezeichnung der Erzeugnisse	Charakterisierung des Erzeugnisses Fangort, Saison, Ausmass, Kategorie, Art der Herrichtung	% Trockensubstanz
Rapfen, gesalzen	Kaspisches Meer, Herbstfang, gross und mittel, ausgenommen	45,3
Hausen-Kaviar, körnig, in Dosen	Kaspisches Meer	48,2
Stör-Kaviar, körnig, in Dosen	Kaspisches Meer	47,6
Sternhausen-Kaviar, körnig, in Dosen	Kaspisches Meer	50,9
Stör-Kaviar, gepresst	Kaspisches Meer	60,5
Plötzen-Rogen, gesiebt	Kaspisches Meer	42,8
Blei-Rogen, gesiebt	Kaspisches Meer	42,0
Karpfen-Rogen, gesiebt	Kaspisches Meer	40,0
Buckellachs-Kaviar, körnig	Fernöstlicher	50,3
Keta-Kaviar (roter), körnig	Fernöstlicher	53,1
Flunder, heissgeräuchert	Baltische, Sommer- und Herbstfang, alle Grössen	36,6
Ketalachs, gesalzen	Amur, Herbs fang, ausgenommen	45,7
Ketalachs, gesalzen	Ostsachalin, Sommer- und Herbstfang, mittel, klein, ausgenommen	44,4
Sprotten, heissgeräuchert	Baltische, Herbstfang, gross, nicht ausgenommen	32,7
Blei, gedörrt	Kaspisches Meer, Frühlingsfang, Auslese, nicht ausgenommen	60,6
Blei, gedörrt	Kaspisches Meer, Frühjahrsfang, gross, mittel, nicht ausgenommen	62,2
Blei, gedörrt	Kaspisches Meer, Frühjahrsfang, klein, nicht ausgenommen	67,8
Blei, gesalzen	Kaspisches Meer, Frühjahrs- und Herbstfang, gross, mittel, nicht ausgenommen	46,4
Blei, kaltgeräuchert	Kaspisches Meer, Frühjahrsfang, Auslese, gross, nicht ausgenommen	45,7
Blei, kaltgeräuchert	Kaspisches Meer, Frühjahrsfang, klein, nicht ausgenommen	47,7
Blei, kaltgeräuchert	Kaspisches Meer, Herbstfang, Auslese, gross, nicht ausgenommen	47,4
Blei, kaltgeräuchert	Kaspisches Meer, Herbstfang, klein, nicht ausgenommen	49,9
Blei, kaltgeräuchert	Aralsee, Herbstfang, Auslese, gross, nicht ausgenommen	58,4
Blei, heissgeräuchert	Kaspisches Meer, Frühjahrsfang, gross, mittel, nicht ausgenommen	29,7
Neunauge, gebacken	Kaspisches Meer, Winterfang, nicht ausgenommen	54,9
Seebarsch, kaltgeräuchert	Nördlicher, Frühjahrs- und Herbstfang, gross, klein, o/Kopf	46,5
Seebarsch, heissgeräuchert	Nördlicher, Frühjahrs- und Herbstfang, gross, klein, ausgenommen, o/Kopf	36,2
Störrücken, gedörrt	Kaspisches Meer	45,3
Störrücken, kaltgeräuchert	Kaspisches Meer	42,8
Störbauch, kaltgeräuchert	Kaspisches Meer	52,7
Zährte, gedörrt	Asowsches Meer, Frühjahrsf., gross, mittel nicht ausgenommen	50,3
Zährte, kaltgeräuchert	Asowsches Meer, Frühjahrsf., gross, mittel nicht ausgenommen	55,6

Fischwaren

Erzeugnisses) (Fortsetzung)

Geniessb. Teil des Produkts				Bruttoprodukt			
Eiweiss	Fette	Kohlenhydrate	Kalorien	Eiweiss	Fette	Kohlenhydrate	Kalorien
23,85	3,33	-	128,8	13,12	1,83	-	70,8
25,37	14,58	-	239,6	25,37	14,58	-	239,6
25,37	14,22	-	236,3	25,37	14,22	-	236,3
26,60	15,75	-	255,5	26,60	15,75	-	255,5
34,20	16,38	-	292,6	34,20	16,38	-	292,6
22,71	4,59	-	135,8	22,71	4,59	-	138,8
23,47	4,32	-	136,4	23,47	4,32	-	135,4
23,85	2,25	-	118,7	23,85	2,25	-	118,7
29,64	10,53	-	219,5	29,64	10,53	-	219,5
30,02	12,42	-	238,6	30,02	12,42	-	238,6
20,90	10,44	-	182,8	9,20	4,59	-	80,4
22,61	10,08	-	186,4	15,94	7,11	-	131,5
23,18	7,02	-	160,3	17,62	5,34	-	121,9
20,24	7,65	-	154,1	13,56	5,13	-	103,3
39,05	6,39	-	219,5	16,24	2,66	-	91,3
40,38	5,04	-	212,4	16,80	2,10	-	88,4
44,37	3,60	-	215,4	18,46	1,50	-	89,6
24,13	4,23	-	138,3	12,06	2,12	-	69,2
28,12	3,96	-	152,1	12,55	1,77	-	67,9
30,59	1,98	-	143,8	13,64	0,88	-	64,1
28,12	4,23	-	154,6	13,72	2,06	-	75,4
31,26	3,42	-	160,0	15,25	1,67	-	78,1
28,50	13,77	-	244,9	-	-	-	-
23,28	2,70	-	120,6	13,74	1,59	-	71,1
20,81	23,94	-	308,0	-	-	-	-
25,08	9,36	-	189,9	18,21	6,80	-	137,9
22,33	8,10	-	166,9	16,64	6,03	-	124,3
20,52	9,09	-	168,7	-	-	-	-
19,38	11,25	-	184,1	-	-	-	-
17,01	23,13	-	284,9	-	-	-	-
21,76	13,23	-	212,3	10,51	6,39	-	102,5
27,65	12,24	-	227,2	14,71	6,51	-	120,9

Fische und
(je 100 g des

Bezeichnung der Erzeugnisse	Charakterisierung des Erzeugnisses Fangort, Saison, Ausmass, Kategorie, Art der Herrichtung	% Trockensubstanz
Zährte, kaltgeräuchert	Asowsches Meer, Frühjahrsfang, klein, nicht ausgenommen	52,4
Strömling (Clupea harengus var. membras L.), heissgeräuchert	Leningrader Bezirk, Herbst- und Frühjahrsfang, alle Grössen, nicht ausgenommen	34,9
Karpfen, gesalzen	Kaspisches Meer, Frühjahrs- und Herbstfang, gross, mittel, ausgenommen	48,5
Karpfen, gesalzen	Kaspisches Meer, Frühjahrs- und Herbstfang, klein, ausgenommen	46,8
Wolgahering, gesalzen (Caspialosa kesseleri volgensis (Berg))	Kaspisches Meer, Frühjahrsfang, Auslese, gross, nicht ausgenommen	49,1
Wolgahering, gesalzen	Kaspisches Meer, Frühjahrsfang, mittel, nicht ausgenommen	47,0
Schwarzrücken-Hering (Caspialosa kessleri kessleri (Grimm)), gesalzen	Kaspisches Meer, Frühjahrsfang, Auslese, gross, nicht ausgenommen	52,2
Dolginsk-Hering (Caspialosa brashnikovi brashnikovi (Borodin)), gesalzen	Kaspisches Meer, Frühjahrsfang, Auslese, gross, nicht ausgenommen	46,2
Kaspi-Hering (Caspialosa caspia caspia (Eichwald)), gesalzen	Frühjahrsfang, mittel, klein, nicht ausgenommen	47,6
Murman-Hering (Clupea harengus harengus Linné), gesalzen	Nördlicher, Herbstfang, gross, mittel, nicht ausgenommen	49,5
Nordsee-Hering, gesalzen	Nördlicher, Sommer- und Herbstfang, gross, nicht ausgenommen	55,2
Nordatlantik - (Island) Hering, gesalzen	Nördlicher, Sommerfang, gross, nicht ausgenommen	50,0
Polarhering, gesalzen	Nördlicher, Sommer- und Herbstfang, gross, nicht ausgenommen	56,5
Don-Hering (Caspialosa kessleri pontica (Eichwald)), gesalzen	Asowsches Meer, Frühjahrsf., alle Gr., nicht ausgenommen	55,9
Pazifik-Hering (Clupea harengus pallasi Cuvier et Valenciennes), gesalzen	Ochotskisches Meer, Frühjahrsfang, nicht ausgenommen	44,5
Pazifik-Hering, gesalzen	Ochotskisches Meer, Sommerfang, Auslese, gross, nicht ausgenommen	46,0
Pazifik-Hering, gesalzen	Westsachalin, Sommer- und Herbstfang, Auslese, nicht ausgenommen	58,3
Pazifik-Hering, gesalzen	West- und Ostsachalin, Frühjahrsfang, gross, mittel, nicht ausgenommen	44,5
Pazifik-Hering, gesalzen	Südsachalin, Sommer- und Herbstfang, klein, nicht ausgenommen	44,8
Peipus-Stint (Osmerus eperlanus var. spirinchus Pall.), gesalzen, getrocknet	Pskow, Frühjahrsfang, nicht ausgenommen	57,5
Peipus-Stint, gesalzen, getrocknet	Polessje, Frühjahrsfang, nicht ausgenommen	72,6
Zander, gedörrt	Asowmeer, Frühjahrsfang, gross, nicht ausgenommen	58,5
Zander, gesalzen	Kaspisches Meer, Frühjahrs- und Herbstfang, alle Grössen, ausgenommen	43,4
Zander, kaltgeräuchert	Asowsches Meer, Frühjahrsf., alle Gr., nicht ausgenommen	48,6
Dorsch, gesalzen	Nördlicher, alle Grössen, ausgenommen, o/Kopf	39,3

Fischwaren

Erzeugnisses)

(Fortsetzung)

Geniessb. Teil des Produkts				Bruttoprodukt			
Eiweiss	Fette	Kohlen-hydrate	Kalorien	Eiweiss	Fette	Kohlen-hydrate	Kalorien
26,60	9,54	-	197,8	13,83	4,96	-	102,8
24,13	5,04	-	145,8	13,51	2,82	-	81,6
22,61	6,93	-	157,2	11,53	3,53	-	80,1
23,18	3,96	-	131,9	11,13	1,90	-	63,3
19,29	9,63	-	168,6	9,84	4,91	-	86,0
20,33	6,03	-	139,4	9,84	2,92	-	67,5
19,38	13,86	-	208,4	11,05	7,90	-	118,8
20,24	5,85	-	137,4	10,52	3,04	-	71,4
20,33	7,02	-	148,6	9,35	3,23	-	68,4
17,96	15,93	-	221,8	10,60	9,40	-	130,9
18,34	18,18	-	244,3	10,09	10,00	-	134,4
17,96	13,50	-	199,2	10,60	7,97	-	117,6
18,62	22,05	-	281,4	12,10	14,33	-	182,9
18,43	19,89	-	260,5	9,58	10,34	-	135,4
20,71	7,38	-	153,5	-	-	-	-
18,53	11,70	-	184,8	-	-	-	-
15,20	26,82	-	311,7	-	-	-	-
19,67	8,28	-	157,7	-	-	-	-
20,24	6,84	-	146,6	-	-	-	-
30,40	3,06	-	153,1	-	-	-	-
43,99	7,90	-	253,8	-	-	-	-
40,47	2,16	-	186,0	20,24	1,08	-	93,0
22,90	0,63	-	99,7	12,82	0,35	-	55,8
27,17	4,95	-	157,4	-	-	-	-
21,95	0,54	-	95,0	17,34	0,43	-	75,1

Fische und

(je 100 g des

Bezeichnung der Erzeugnisse	Charakterisierung des Erzeugnisses Fangort, Saison, Ausmass, Kategorie, Art der Herrichtung	% Trockensubstanz
Dorsch, heissgeräuchert	Nördlicher, alle Grössen, ausgenommen, o/Kopf	29,1
Schwarzmeersprotte, gesalzen (Clupeonella delicatula Nordmann)	Asowsches Meer, Aprilfang, nicht ausgenommen	53,2
Schwarzmeersprotte, gesalzen	Asowsches Meer, Herbstfang, nicht ausgenommen	51,5
Aal, heissgeräuchert	Baltischer, Sommer- und Herbstfang, gross, klein, ausgenommen	54,5
Ziege, Sichling (Pelecuscultratus (Linné)), kaltgeräuchert	Aralsee, Herbstfang, gross, nicht ausgenommen	52,5
Sardelle, Anchovis, gesalzen	Asowsches Meer, Frühjahrsfang, nicht ausgenommen	47,2
Sardelle, Anchovis, gesalzen	Asowsches Meer, Herbstfang, nicht ausgenommen	58,0
Schemaja (Chalcaburnus chalcoides danubicus (Antipa)), kaltgeräuchert	Asowsches Meer, Frühjahrsfang, nicht ausgenommen	54,5
Hecht, gesalzen	Kaspisches Meer, Herbstfang, gross, mittel, ausgenommen	40,7

Anmerkung: Die Nährstoffe sind in Gramm errechnet. Die Resorbierbarkeit des Bruttoprodukts ist bei einigen Nahrungsmitteln wegen Fehlens von Angaben über die Abfälle nicht errechnet. Ein Strich (-) bedeutet das Fehlen von Angaben.

Fischwaren

Erzeugnisses)

(Fortsetzung)

Geniessb. Teil des Produkts				Bruttoprodukt			
Eiweiss	Fette	Kohlenhydrate	Kalorien	Eiweiss	Fette	Kohlenhydrate	Kalorien
24,70	1,08	-	111,3	19,76	0,86	-	89,0
18,81	14,58	-	212,7	11,78	9,13	-	133,2
14,92	20,07	-	247,8	9,86	13,27	-	163,8
14,92	32,31	-	361,7	10,59	22,94	-	256,8
25,84	10,71	-	205,5	-	-	-	-
20,14	8,10	-	157,9	13,09	5,27	-	102,7
16,63	22,23	-	274,9	10,81	14,45	-	178,7
26,70	16,29	-	261,0	14,42	8,80	-	141,0
21,66	0,45	-	93,0	11,91	0,25	-	51,2

Konserven und Präserven

in Glas- und Blechdosen

(je 100 g des Erzeugnisses)

Bezeichnung der Erzeugnisse	% Trocken-substanz	Geniessb. Teil des Produkts				Bruttoprodukt			
		Eiweiss	Fette	Kohlen-hydrate	Kalorien	Eiweiss	Fette	Kohlen-hydrate	Kalorien
Fleischkonserven									
Hammelfleisch, geschmort, (höchste Qualität, aus fettem Fleisch)	41,0	15,73	19,35	0,36	245,9	15,73	19,35	0,36	245,9
Rindfleisch, in eigenem Saft gekocht	43,6	25,02	12,78	0,45	223,3	25,02	12,78	0,45	223,3
Rindergoulasch	48,6	19,32	21,51	1,71	286,3	19,32	21,51	1,71	286,3
Huhn, gekocht	33,8	20,06	7,29	1,80	157,4	-	-	-	-
Hühnerfilet	26,5	19,78	3,33	0,18	112,8	19,78	3,33	0,18	112,8
Bregen, gebraten	39,0	11,96	20,61	0,99	244,8	11,96	20,61	0,99	244,8
Fleisch, gebraten	46,1	27,60	12,06	0,72	228,3	27,60	12,06	0,72	228,3
Fleisch, gepresst	49,4	26,68	14,40	0,90	247,0	26,68	14,40	0,90	247,0
Fleisch, geschmort, höchste Qual.	38,5	15,00	16,92	1,53	225,1	15,00	16,92	1,53	225,1
Fleisch, geschmort, 1. Sorte	34,3	16,56	12,42	0,63	186,0	16,56	12,42	0,63	186,0
Fleisch, geschmort, von jungem Vieh	34,2	17,02	12,15	0,45	184,6	17,02	12,15	0,45	184,6
Hirsch, geschmort	32,9	20,70	7,20	0,45	153,7	20,70	7,20	0,45	153,7
Fleischpastete	29,5	8,74	12,60	3,15	165,9	8,74	12,60	3,15	165,9
Leberpastete	47,5	15,64	25,20	0,95	302,4	15,64	25,20	0,95	302,4
Nieren in Tomatensosse	31,3	17,02	6,84	3,24	146,7	17,02	6,84	3,24	146,7
Hühnerragout in Gelee	30,7	19,60	6,66	0,36	143,8	-	-	-	-
Schweinefleisch, gedämpft, höchste Qualität (aus halbfettem Fleisch)	47,5	13,43	27,81	0,36	315,2	13,43	27,81	0,36	315,2
Zunge in Gelee (Rinderzunge)	39,5	16,56	15,03	1,80	215,1	16,56	15,03	1,80	215,1
Fleisch-Pflanzenkonserven									
Erbsen mit Rindfleisch	31,0	9,35	4,23	10,20	119,5	9,35	4,23	10,20	119,5
Makkaroni mit Rindfleisch	27,6	6,80	5,40	10,20	119,9	6,80	5,40	10,20	119,9
Bohnen mit Rindfleisch	33,5	10,20	6,30	9,44	139,1	10,20	6,30	9,44	139,1
Bohnen mit Schweinefleisch	29,7	5,10	6,03	11,90	125,8	5,10	6,03	11,90	125,8
Bohnen mit Speck	30,2	5,53	2,70	14,45	107,0	5,53	2,70	14,45	107,0
Bohnen mit Schweinefett	28,9	5,02	2,25	14,45	100,8	5,02	2,25	14,45	100,8
Linsen mit Rindfleisch	31,0	9,52	6,84	8,08	135,8	9,52	6,84	8,08	135,8

Milchkonserven									
Milch, gedickt, ohne Zucker	26,0	6,65	7,60	9,31	136,1	6,65	7,60	9,31	136,1
Magermilch, gedickt, ohne Zucker	70,3	10,45	0,29	55,86	274,6	10,45	0,29	55,86	274,6
Milch, gedickt, mit Zucker	74,3	7,13	8,55	54,88	333,8	7,13	8,55	54,88	333,8
Milch, sterilisiert, gedickt, ohne Zucker	49,4	6,46	7,70	32,34	230,7	6,46	7,70	32,34	230,7
Sahne, gedickt, mit Zucker	76,5	8,08	18,53	46,55	396,3	8,08	18,53	46,55	396,3
Fischkonserven									
a) Naturale									
Lachs in eigenem Saft									
Buckellachs	31,0	18,86	6,94	0,45	143,7	18,86	6,94	0,45	143,7
Ketalachs	29,2	19,78	4,56	0,54	125,7	19,78	4,56	0,54	125,7
Rotlachs	32,8	17,30	9,98	0,54	166,0	17,30	9,98	0,54	166,0
Stör	30,2	15,09	10,07	0,99	159,6	15,09	10,07	0,99	159,6
Stör, blanchiert, in grossen Blechdosen	31,4	18,40	8,84	0,27	158,8	18,40	8,84	0,27	158,8
Dorschleber in eigenem Fett	73,2	3,86	62,42	1,26	601,5	3,86	62,42	1,26	601,5
Karpfen, natural, blanchiert	30,0	18,40	5,80	0,18	130,1	18,40	5,80	0,18	130,1
Zander, natural, blanchiert	28,8	20,98	2,28	0,18	108,0	20,98	2,28	0,18	108,0
Hausen, natural, blanchiert	40,3	21,44	14,82	0,18	226,5	21,44	14,82	0,18	226,5
b) Fischkonserven in Öl									
Meeräsche (Mugil capito Cuv.)	51,9	15,64	29,17	0,27	336,5	15,64	29,17	0,27	336,5
Dorsch, geräuchert	47,1	19,04	21,76	0,27	281,5	19,04	21,76	0,27	281,5
Sprotten	53,6	16,01	30,78	0,63	354,5	16,01	30,78	0,63	354,5
c) Fischkonserven in Tomatensosse									
Schollen, Flundern	28,4	12,60	5,99	4,86	127,3	12,60	5,99	4,86	127,3
Blei	28,9	14,08	7,03	2,79	134,5	14,08	7,03	2,79	134,5
Stör	32,6	13,52	11,40	3,42	175,5	13,52	11,40	3,42	175,5
Dorschleber	65,8	3,59	54,15	2,85	530,0	3,59	54,15	2,85	530,0
Sternhausen	33,4	14,81	10,93	2,88	174,2	14,81	10,93	2,88	174,2
Wels	26,5	11,87	5,99	4,23	121,7	11,87	5,99	4,23	121,7
Zander	25,8	12,88	5,04	3,69	114,8	12,88	5,04	3,69	114,8
Zander-Filet	27,3	12,79	5,32	4,86	121,8	12,79	5,32	4,86	121,8
Karpfen	28,9	11,41	8,27	4,23	141,0	11,41	8,27	4,23	141,0
Hecht	24,9	13,06	3,80	3,60	103,6	13,06	3,80	3,60	103,6

Konserven und Präserven

in Glas- und Blechdosen

(je 100 g des Erzeugnisses)

(Fortsetzung)

Bezeichnung der Erzeugnisse	% Trockensubstanz	Geniessb. Teil des Produkts				Bruttoprodukt			
		Eiweiss	Fette	Kohlenhydrate	Kalorien	Eiweiss	Fette	Kohlenhydrate	Kalorien
d) Präserven									
Sprotten, baltische Gewürzsalzung, Frühjahrs- und Sommerfang	34,5	13,89	8,46	-	135,6	-	-	-	-
Sprotten, baltische Gewürzsalzung, Herbstfang	37,5	13,34	11,59	-	162,5	-	-	-	-
Gemüsekonserven									
a) Naturale									
Grüne Erbsen	12,7	2,30	-	6,80	37,3	2,30	-	6,80	37,3
Blumenkohl	5,0	0,77	-	1,36	8,7	0,77	-	1,36	8,7
Zuckermais, zerkleinert	20,0	1,87	0,48	13,01	65,5	1,87	0,48	13,01	65,5
Rote Rüben, natural	11,0	1,02	-	6,12	29,3	1,02	-	6,12	29,3
Tomaten, ganz konserviert	6,0	0,85	-	2,89	15,3	0,85	-	2,89	15,3
Schnittbohnen	7,0	0,94	-	3,06	16,4	0,94	-	3,06	16,4
Spinatpüree	7,0	1,70	-	2,13	15,7	1,70	-	2,13	15,7
b) Imbisse									
Aubergine, in Scheiben	30,7	1,62	14,63	8,42	177,2	1,62	14,63	8,42	177,2
Aubergine, gefüllt	22,0	1,45	7,60	7,65	108,0	1,45	7,60	7,65	108,0
Auberginenpüree	26,0	1,45	12,35	6,38	147,0	1,45	12,35	6,38	147,0
Melonenkürbis, in Scheiben	22,0	1,45	8,17	7,48	112,6	1,45	8,17	7,48	112,6
Melonenkürbispüree	22,5	1,70	8,93	7,06	119,0	1,70	8,93	7,06	119,0
Pfeffer, gefüllt	23,0	1,36	6,27	9,86	104,3	1,36	6,27	9,86	104,3
Tomaten, gefüllt	20,0	1,19	6,18	7,99	95,1	1,19	6,18	7,99	95,1
c) Tomatenerzeugnisse									
Kubanische Sosse	30,7	2,21	-	19,89	90,6	2,21	-	19,89	90,6
Tomatensosse, pikant	29,4	2,13	-	19,81	90,0	2,13	-	19,81	90,0
Tomatenpüree	20,0	3,06	-	11,56	59,9	3,06	-	11,56	59,9
Tomatenpaste	30,0	4,08	-	17,68	89,2	4,08	-	17,68	89,2
Tomatensaft	5,5	0,85	-	3,06	16,0	0,85	-	3,06	16,0

d) Diätgemüse									
Aubergine in Salzwasser	5,0	0,77	-	2,04	11,5	0,77	-	2,04	11,5
Aubergine, gefüllt	16,9	1,62	5,13	6,38	80,5	1,62	5,13	6,38	80,5
Melonenkürbis in Salzwasser	4,5	0,85	-	1,96	11,5	0,85	-	1,96	11,5
Melonenkürbis mit Reisfüllung in Tomatensosse	20,0	2,21	3,80	10,29	86,6	2,21	3,80	10,29	86,6
Melonenkürbis mit Kohl- und Grünfüllung	18,0	1,70	6,18	5,87	88,5	1,70	6,18	5,87	88,5
Melonenkürbis in Tomatensosse	10,0	0,85	3,33	4,00	50,9	0,85	3,33	4,00	50,9
Melonenkürbispüree	13,0	2,04	4,37	4,17	66,1	2,04	4,37	4,17	66,1
Pfeffer, gefüllt	17,5	2,13	5,99	5,53	87,1	2,13	5,99	5,53	87,1
e) Für den Mittagstisch									
Borschtsch	21,7	2,21	4,94	8,84	91,2	2,21	4,94	8,84	91,2
Würzgemüse	45,1	4,00	19,48	13,92	254,7	4,00	19,48	13,94	254,7
Rassolnik	26,0	2,98	5,04	11,73	107,2	2,98	5,04	11,73	107,2
Kohlsuppe aus Frischkohl	21,2	2,21	5,04	8,08	89,1	2,21	5,04	8,08	89,1
Kinderkonserven									
a) Gemüse									
Gemüsesuppe	13,6	1,36	0,95	7,65	45,8	1,36	0,95	7,65	45,8
Püree aus grünen Erbsen	18,4	4,25	0,29	9,35	58,5	4,25	0,29	9,35	58,5
Püree aus grünen Erbsen mit Butter	25,6	4,00	6,18	11,05	119,2	4,00	6,18	11,05	119,2
Püree aus Möhren	9,4	1,28	0,19	5,10	27,9	1,28	0,19	5,10	27,9
Möhrenpüree mit Griessbrei	15,0	1,53	1,52	8,50	55,3	1,53	1,52	8,50	55,3
Möhrenpüree mit Reis	20,5	2,13	4,37	10,20	91,2	2,13	4,37	10,20	91,2
Schnittbohnen-Püree	8,5	1,53	0,29	3,91	25,0	1,53	0,29	3,91	25,0
Schnittbohnen-Püree mit Butter	19,0	1,36	6,08	8,08	95,2	1,36	6,08	8,08	95,2
Spinatpüree	9,0	1,87	0,57	3,06	25,5	1,87	0,57	3,06	25,5
b) Früchte									
Aprikosenpüree	22,3	1,36	0,10	18,18	81,0	1,36	0,10	18,18	81,0
Apfelpüree	22,8	0,51	0,10	19,62	83,5	0,51	0,10	19,62	83,5
Apfelpüree mit Milch	22,7	1,45	2,85	16,02	98,1	1,45	2,85	16,02	98,1
Apfelpüree mit Reis	23,7	1,02	0,19	19,89	87,5	1,02	0,19	19,89	87,5
Obstkonserven									
a) Kompotte									
Aprikosenhälften	23,7	0,43	-	20,16	84,4	0,43	-	20,16	84,4
Aprikosen, ganze	23,5	0,17	-	20,07	83,0	-	-	-	-
Quitten	23,3	0,34	-	19,26	80,04	0,34	-	19,26	80,4
Weintrauben	21,1	0,43	-	18,18	76,3	-	-	-	-
Kirschen	28,0	0,51	-	24,12	101,0	-	-	-	-
Birnen	21,0	0,17	-	17,55	72,7	0,17	-	17,55	72,7

Konserven und Präserven

in Glas- und Blechdosen

(je 100 g des Erzeugnisses

(Fortsetzung)

Bezeichnung der Erzeugnisse	% Trockensubstanz	Geniessb. Teil des Produkts				Bruttoprodukt			
		Eiweiss	Fette	Kohlenhydrate	Kalorien	Eiweiss	Fette	Kohlenhydrate	Kalorien
Mandarinen	20,0	0,09	-	17,64	72,7	-	-	-	-
Pfirsichhälften	23,1	0,26	-	19,89	82,6	0,26	-	19,89	82,6
Pfirsiche, ganze	23,5	0,26	-	20,34	84,5	-	-	-	-
Pflaumen "Wengerka"	27,0	0,43	-	23,31	97,3	-	-	-	-
Pflaumen "Isjum-Erik"	24,9	0,26	-	21,42	88,9	-	-	-	-
Pflaumen "Reineclaude"	27,0	0,26	-	23,40	97,0	-	-	-	-
Weichselkirschen	23,0	0,43	-	19,62	82,2	-	-	-	-
Äpfel	25,0	0,17	-	21,69	89,6	0,17	-	21,69	89,6
b) Sossen									
Apfelsosse	22,8	0,34	-	19,08	79,6	0,34	-	19,08	79,6
Ölfrüchte									
Oliven	32,8	1,53	17,74	4,86	191,5	-	-	-	-
Frucht- und Beerensäfte									
Aprikosensaft	16,0	0,43	-	14,35	60,6	0,43	-	14,35	60,6
Apfelsinensaft	15,5	0,60	-	13,78	59,0	0,60	-	13,78	59,0
Traubensaft	19,5	0,26	-	18,05	75,1	0,26	-	18,05	75,1
Kirschsaft	15,0	0,60	-	13,21	56,6	0,60	-	13,21	56,6
Granatapfelsaft	17,5	0,26	-	16,06	66,9	0,26	-	16,06	66,9
Erdbeersaft	10,3	0,26	-	9,12	38,5	0,26	-	9,12	38,5
Himbeersaft	11,0	0,26	-	9,79	41,2	0,26	-	9,79	41,2
Pfirsichsaft	18,0	0,26	-	16,53	68,8	0,26	-	16,53	68,8
Pflaumensaft	18,0	0,26	-	16,53	68,8	0,26	-	16,53	68,8
Schwarzer Johannisbeersaft	11,0	0,43	-	9,50	40,7	0,43	-	9,50	40,7
Weichselkirschsaft	19,0	0,26	-	17,39	72,4	0,26	-	17,39	72,4
Apfelsaft	13,0	0,43	-	11,59	49,3	C,43	-	11,59	49,3

Marmelade, Konfitüren

s. unter "Früchte, Beeren und Nüsse"

Anmerkung: Die Nährstoffe sind in Gramm errechnet. Die Resorbierbarkeit des Bruttoprodukts ist bei einigen Nahrungsmitteln wegen Fehlens von Angaben über die Abfälle nicht errechnet. Ein Strich (-) bedeutet das Fehlen von Angaben.

Koeffizienten der Resorbierbarkeit nach Lebensmittelgruppen bei gemischter Kost+)

Lebensmittelgruppe	Eiweiss	Fette	Kohlenhydrate
Gemüse	80	-	85
Kartoffeln	70	-	95
Obst, Beeren, Nüsse	85	95	90
Mehl höchster Qualität, 1. und 2. Sorte und Brot daraus, Teigwaren, Gries, Reis, Haferflocken und gestossenes Hafermehl	85	93	96
Schrotmehl und Schrotbrot, Hülsenfrüchte und Grützen (ausser Griess, Reis, Haferflocken und gestossenem Hafermehl)	70	92	94
Zucker	-	-	99
Konditorwaren, Honig und Konfitüren	85	93	95
Pflanzenöl und Margarine	-	95	-
Milch, Milchprodukte und Eier	96	95	98
Fleisch und Fleischwaren, Fisch und Fischwaren	95	90	-

Anmerkung: Um Werte der chemischen Rohzusammensetzung (ohne Berücksichtigung der Resorptionsverluste) des geniessbaren Teils eines Produkts (netto) zu erhalten, ist die Menge der resorbierbaren Nährstoffe durch den entsprechenden Koeffizienten zu dividieren. So sind z. B. für Roggen-Formbrot aus Schrotmehl(s.vorn) 4,69 g resorbierbares Eiweiss angegeben, die durch den Koeffizienten 70 dividiert - 6,7 g Eiweiss ergeben; 0,74 g Fette - dividiert durch den Koeffizienten 92 - ergeben 0,8; 39,20 g Kohlenhydrate - dividiert durch den Koeffizienten 94 - ergeben 41,7 g Kohlenhydrate.

Bei der Berechnung des Kaloriengehalts sind Eiweiss und Kohlenhydrate mit 4,1 und Fette mit 9,3 zu multiplizieren, was einen Brutto-Kaloriengehalt von 205,9 ergibt.

+) Tabellen der chemischen Zusammensetzung und des Nährwerts der Lebensmittel, Moskau, 1954

Mineralzusammensetzung der Nahrungsmittel

(in mg je 100 g des Erzeugnisses)

Bezeichnung der Erzeugnisse	Charakterisierung des Produkts	Geniessb. Teil des Produkts						Bruttoprodukt					
		Kalium	Natrium	Calcium	Magnesium	Eisen	Phosphor	Kalium	Natrium	Calcium	Magnesium	Eisen	Phosphor
Milch und Milchprodukte													
Acidophilmilch	-	-	-	109	-	-	84	-	-	109	-	-	84
Kefir	-	-	-	107	-	-	94	-	-	107	-	-	94
Kuhmilch	Allgemeine Norm	127	44	115	14	0,15	87	127	44	115	14	0,15	87
Milch-Speiseeis	-	-	-	126	-	2,0	104	-	-	126	-	2,0	104
Sauermilch	Fett	-	-	106	-	-	89	-	-	106	-	-	89
Mehl													
Weizenmehl	Geschrotet	243	-	40	108	3,3	280	243	-	40	108	3,3	280
Weizenmehl	2. Sorte	191	-	33	65	2,4	221	191	-	33	65	2,4	221
Weizenmehl	1. Sorte	139	-	29	44	2,0	132	139	-	29	44	2,0	132
Weizenmehl	Höchste Qualität	86	-	22	20	1,1	92	86	-	22	20	1,1	92
Roggenmehl	Geschrotet	340	-	49	107	3,4	263	340	-	49	107	3,4	263
Mehl, gebeuteltes (Roggen)	-	200	-	40	34	2,5	146	200	-	40	34	2,5	146
Mehl für ukrainisches Brot	-	356	-	46	101	3,2	257	356	-	46	101	3,2	257
Brot und Brötchen													
Weizen-Kastenbrot	Aus Schrotmehl	153	-	27	68	2,1	194	153	-	27	68	2,1	194
Weizenbrot, freigeschoben	Aus Schrotmehl	158	-	28	71	2,1	202	158	-	28	71	2,1	202
Weizen-Kastenbrot	Aus Mehl 2.Sorte	129	-	24	44	1,7	164	129	-	24	44	1,7	164
Weizenbrot, freigeschoben	Aus Mehl 2.Sorte	133	-	25	46	1,7	170	133	-	25	46	1,7	170
Weizen-Kastenbrot	Aus Mehl 1.Sorte	96	-	20	30	1,4	99	96	-	20	30	1,4	99
Weizenbrot, freigeschoben	Aus Mehl 1.Sorte	97	-	20	31	1,4	101	97	-	20	31	1,4	101
Weissbrot, gewöhnliche Laibe	Aus Mehl 1.Sorte	100	-	21	32	1,5	104	100	-	21	32	1,5	104
Städtische Brötchen	Aus Mehl 1.Sorte	100	-	21	31	1,5	103	100	-	21	31	1,5	103
Roggen-Kastenbrot	Aus Schrotmehl	235	-	32	69	2,1	180	235	-	32	69	2,1	180
Roggenbrot, freigeschoben	Aus Schrotmehl	242	-	32	71	2,2	185	242	-	32	71	2,2	185
Brot, ukrainisches, freigeschoben	-	232	-	30	66	2,1	167	232	-	30	66	2,1	167
Graubrot (Kasten)	-	155	-	29	22	1,7	90	155	-	29	22	1,7	90
Graubrot, freigeschoben	-	161	-	30	23	1,7	93	161	-	30	23	1,7	93

Fleischkonserven und -präserven													
Hammelfleisch, geschmort	-	312	-	45	-	-	202	312	-	45	-	-	202
Rindfleisch, gekocht, in eigenem Saft	-	316	-	53	-	-	167	316	-	53	-	-	167
Rindergoulasch	-	-	-	41	-	-	179	-	-	41	-	-	179
Huhn, gekocht	-	-	-	116	-	-	163	-	-	-	-	-	-
Fleisch, gebraten	-	161	-	39	-	-	253	161	-	39	-	-	253
Bregen, gebraten	-	-	-	44	-	-	436	-	-	44	-	-	436
Fleisch, gepresst	-	342	-	29	13	-	285	342	-	29	13	-	285
Rindfleisch, geschmort	-	230	475	20	19	-	172	230	475	20	19	-	172
Nieren in Tomatensosse	-	-	-	46	-	-	227	-	-	46	-	-	227
Hühnerragout in Gelee	-	-	-	58	-	-	133	-	-	-	-	-	-
Schweinefleisch, gedämpft	-	253	-	26	31	-	124	253	-	26	31	-	124
Fleisch-Pflanzen-Konserven													
Bohnen mit Rindfleisch	-	360	456	66	39	-	172	360	456	66	39	-	172
Bohnen mit Schweinefleisch	-	304	366	71	35	-	117	304	366	71	35	-	117
Bohnen mit Speck	-	90	460	43	22	-	65	90	460	43	22	-	65
Bohnen mit Schmalz	-	304	344	74	44	-	199	304	344	74	44	-	199
Milchkonserven													
Milch, gedickt, mit Zucker	-	314	96	307	34	-	219	314	96	307	34	-	219
Fischkonserven													
Schollen in Tomatensosse	-	355	-	319	43	-	299	355	-	319	43	-	299
Sprotten, baltische	-	300	-	266	45	-	248	-	-	-	-	-	-
Blei in Tomatensosse	-	367	-	424	57	-	320	367	-	424	57	-	320
Dorschleber in eigenem Saft	-	-	-	40	-	-	146	-	-	40	-	-	146
Dorschleber in Tomatensosse	-	-	-	40	-	-	164	-	-	40	-	-	164
Karpfen in Tomatensosse	-	383	-	356	-	-	295	383	-	356	-	-	295
Sternhausen in Tomatensosse	-	222	-	51	21	-	133	222	-	51	21	-	133
Zander in Tomatensosse	-	120	-	507	26	-	246	120	-	507	26	-	246
Stör in Tomatensosse	-	169	-	39	30	-	141	169	-	39	30	-	141
Stör in eigenem Saft	-	262	-	27	41	-	158	262	-	27	41	-	158
Dorsch, geräuchert, in Öl	-	344	-	462	52	-	292	344	-	462	52	-	292
Sprotten in Öl	-	349	-	297	53	-	348	349	-	297	53	-	348

Mineralzusammensetzung der Nahrungsmittel (Fortsetzung)

Bezeichnung der Erzeugnisse	Charakterisierung des Erzeugnisses	Geniessb. Teil des Produkts						Bruttoprodukt					
		Kalium	Natrium	Calcium	Magnesium	Eisen	Phosphor	Kalium	Natrium	Calcium	Magnesium	Eisen	Phosphor
Lachs in eigenem Saft													
Buckellachs	-	260	389	185	56	-	230	260	389	185	56	-	230
Ketalachs	-	334	-	161	43	-	239	334	-	161	43	-	239
Rotlachs	-	208	635	177	40	-	100	208	635	177	40	-	100
Gemüsekonserven													
Aubergine, gefüllt	-	253	252	31	31	-	50	253	252	31	31	-	50
Grüne Erbsen	-	135	-	16	21	-	53	135	-	16	21	-	53
Gemüsesuppe	Für Kinder	-	-	84	-	-	42	-	-	84	-	-	42
Pfeffer, gefüllt	-	173	442	62	33	-	47	173	442	62	33	-	47
Püree aus grünen Erbsen	Für Kinder	-	-	30	-	-	77	-	-	30	-	-	77
Püree aus grünen Erbsen mit Butter	Für Kinder	-	-	36	-	-	67	-	-	36	-	-	67
Möhrenpüree	Für Kinder	-	-	59	-	-	43	-	-	59	-	-	43
Möhrenpüree mit Griessbrei	Für Kinder	-	-	43	-	-	36	-	-	43	-	-	36
Möhrenpüree mit Reis	Für Kinder	-	-	88	-	-	36	-	-	88	-	-	36
Schnittbohnenpüree	Für Kinder	-	-	71	-	-	37	-	-	71	-	-	37
Schnittbohnenpüree mit Butter	Für Kinder	-	-	89	-	-	37	-	-	89	-	-	37
Tomatenpaste	-	878	203	78	30	-	68	878	203	78	30	-	68
Tomatensaft	-	286	165	13	26	-	32	286	165	13	26	-	32
Tomaten, ganz konserviert	-	260	298	30	15	-	35	260	298	30	15	-	35
Tomaten, gefüllt	-	521	374	63	42	-	87	521	374	63	42	-	87
Spinatpüree	-	522	-	124	48	-	49	522	-	124	48	-	49
Obst- und Beerenkonserven													
Aprikosen, Kompott	Hälften	227	10	15	7	-	16	227	10	15	7	-	16
Aprikosen, Kompott	Ganze Früchte	183	6	10	3	-	8	-	-	-	-	-	-
Aprikosenpüree	Für Kinder	-	-	15	-	-	23	-	-	15	-	-	23
Traubensaft	-	312	-	27	16	-	30	312	-	27	16	-	30
Birnen, Kompott	-	86	5	9	3	-	7	86	5	9	3	-	7
Erdbeersaft	-	138	-	40	18	-	10	138	-	40	18	-	10
Schwarzer Johannisbeersaft	-	133	-	40	35	-	20	133	-	40	35	-	20
Apfelpüree	Für Kinder	-	-	12	-	-	17	-	-	12	-	-	17

Apfelpüree mit Milch	Für Kinder	-	-	47	-	-	27	-	-	47	-	-	27
Apfelpüree mit Reis	Für Kinder	-	-	24	-	-	19	-	-	24	-	-	19
Fleisch und Innereien													
Rindfleisch	-	-	-	-	21	-	210	-	-	-	17	-	166
Lunge	-	-	-	10	21	-	194	-	-	9	11	-	177
Bregen	-	-	-	5	16	-	343	-	-	4	14	-	298
Rinderleber	-	-	-	-	18	8,8	339	-	-	-	17	8,2	315
Rindernieren	-	-	-	9	15	-	220	-	-	8	14	-	205
Rinderherz	-	-	-	-	23	-	211	-	-	-	21	-	192
Rinderzunge	-	-	-	7	19	-	162	-	-	7	19	-	162
Kartoffeln, Gemüse und Pilze													
Kartoffeln	-	-	-	13	-	0,6	46	-	-	9,8	-	0,45	34,5
Weisskohl	-	-	-	54	-	0,5	35	-	-	43,2	-	0,4	28,0
Tomaten	-	-	-	10	-	0,8	24	-	-	9,5	-	0,76	22,8
Pilze, frisch	Durchschnittswerte	-	-	29	-	1,0	136	-	-	20,3	-	0,70	95,2
Nüsse													
Walnuss	-	-	-	61	-	2,3	510	-	-	24,4	-	0,92	204
Erdnuss (Arachis)	-	-	-	61	-	2,0	365	-	-	45,8	-	1,5	273,8
Haselnuss	-	-	-	44	-	1,0	230	-	-	19,8	-	0,45	103,5
Gebäck und Kakao													
Dauergebäck "Pochod"	-	63	-	33	33	2	135	63	-	33	33	2	135
Kakao "Solotoj Jarlyk"	-	1111	-	12	166	10	619	1111	-	12	166	10	619
Gebäck "Moskwa"	Dauergebäck	84	-	32	21	2	101	84	-	32	21	2	101
Gebäck "Sport"	Dauergebäck	116	-	27	27	2	96	116	-	27	27	2	96
Gebäck "Ukrainische Mischung"	Zuckergebäck	124	-	42	30	3	150	124	-	42	30	3	150
Sahnegebäck	Zuckergebäck	83	-	32	57	4	167	83	-	32	57	4	167
Tafelgebäck, trocken	-	103	-	29	42	4	127	103	-	29	42	4	127
Pfefferminzkuchen	-	105	-	34	26	2	46	105	-	34	26	2	46

Anmerkung: Ein Strich (-) bedeutet Fehlen von Angaben.

Der Vitamingehalt der Nahrungsmittel

(in γ je 100 g des Erzeugnisses)

Bezeichnung der Erzeugnisse	Charakterisierung des Erzeugnisses	Geniessbarer Teil						Bruttoprodukt					
		A	Carotin	B_1	B_2	C	PP	A	Carotin	B_1	B_2	C	PP
Fleisch und Eier													
Schinken	-	-	-	700	-	0	-	-	-	672	-	0	-
Fleisch, verschiedenes, und Geflügel	-	20	-	200	-	0	-	-	-	-	-	-	-
Rinderleber	-	15000	-	400	-	-	-	13950	-	372	-	-	-
Schweineleber	-	6000	-	400	-	0	-	5580	-	372	-	0	-
Nieren	-	-	-	400	-	0	-	-	-	372	-	0	-
Schweinenieren	-	-	-	700	-	0	-	-	-	651	-	0	-
Ochsenherz	-	-	-	600	-	0	-	-	-	546	-	0	-
Schweinefleisch	-	-	-	400	-	0	-	-	-	340	-	0	-
Eier (1 Stück)	-	650	-	70	-	0	-	572	-	61,60	-	0	-
Fisch													
Blei, frischgefroren	-	-	-	20	10	-	2000[1]	-	-	10	5	-	1000[1]
Blei, gesalzen	-	-	-	10	140	-	2800[1]	-	-	5	70	-	1400[1]
Hering, frisch und geräuchert	-	+	-	30	-	-	-	+	-	16,5	-	-	-
Zander, frischgefroren	-	-	-	40[1]	110[1]	-	-	-	-	20[1]	55[1]	-	-
Zander, gesalzen	-	-	-	30[1]	180[1]	-	-	-	-	16,50[1]	99[1]	-	-
Dorsch, frischgefroren, o/Kopf	-	-	-	80[1]	100[1]	-	1500[1]	-	-	61,60[1]	77[1]	-	1155[1]
Dorsch, gesalzen, o/Kopf	-	-	-	-	140[1]	-	2300[1]	-	-	-	110,60[1]	-	1817[1]
Milch und Milchprodukte													
Stutenmilch	-	-	-	-	-	25000	-	-	-	-	-	25000	-
Ziegenmilch	-	-	-	-	-	3000	-	-	-	-	-	3000	-
Kuhmilch	-	500	-	50	-	1000	-	500	-	50	-	1000	-
Kumys (gegorene Stutenmilch)	-	-	-	-	-	20000	-	-	-	-	-	20000	-
Rahm	-	300	-	50	-	0	-	300	-	50	-	0	-
Saure Sahne	-	300	-	50	-	0	-	300	-	50	-	0	-
Fettkäse	-	450	-	30	-	0	-	414	-	27,60	-	0	-
Quark	-	enthält praktisch keine Vitamine						enthält praktisch keine Vitamine					

Getreide und Getreideerzeugnisse													
Mais	**Ganzes Korn**	-	-	150	-	-	-	-	-	150	-	-	-
Mais, weiss	-	-	0	-	-	-	-	-	0	-	-	-	-
Mais, gelb	-	-	300	-	-	-	-	-	291	-	-	-	-
Hafer	**Ganzes Korn**	-	-	400	-	-	-	-	-	388	-	-	-
Weizen	**Ganzes Korn**	-	-	450	20[1]	-	-	-	-	436,50	19,40[1]	-	-
Weizen	**Keimlingsteil**	-	600	2000	-	-	-	-	600	2000	-	-	-
Roggen	-	-	-	300	-	-	-	-	-	291	-	-	-
Gerste	-	-	0	400	-	-	-	-	0	388	-	-	-
Mehl													
Weizenmehl	100 **%ige Ausmahlung**	-	-	-	-	-	5500	-	-	-	-	-	5500
Weizenmehl	85 **%ige** "	-	-	400	1500	-	-	-	-	400	1500	-	-
Weizenmehl	70 **%ige** "	-	-	200	-	-	-	-	-	200	-	-	-
Weizenmehl	30 **%ige** "	-	-	-	-	-	1500	-	-	-	-	-	1500
Roggenmehl	100 **%ige** "	-	0	300[1]	150	-	1300	-	0	300[1]	150	-	1300
Roggenmehl	95 **%ige** "	-	0	270	-	-	1200	-	0	270	-	-	1200
Roggenmehl	60 **%ige** "	-	-	200	-	-	1000	-	-	200	-	-	1000
Grütze, Teigwaren													
Buchweizengrütze	-	-	0	500	-	-	-	-	0	492,50	-	-	-
Griess	-	-	0	100[1]	100[1]	-	-	-	0	100[1]	100[1]	-	-
Hafergrütze	-	-	0	600[1]	-	-	1000	-	0	588[1]	-	-	980
Perlgrütze	-	-	0	300[1]	100[1]	-	-	-	0	299[1]	98[1]	-	-
Weizengrütze	-	-	0	-	100[1]	-	2500	-	0	-	99,0	-	2475
Hirse	**Schrot**	-	-	400	-	-	-	-	-	390	-	-	-
Hirse	**Zerkleinert**	-	-	300	-	-	-	-	-	292,50	-	-	-
Hirse	**Geschliffen**	-	-	200	-	-	-	-	-	195	-	-	-
Gerstengrütze	-	-	0	200	-	-	-	-	0	196	-	-	-
Reis	-	-	0	0	-	-	-	-	0	0	-	-	-
Nudeln	-	-	0	+	-	-	-	-	0	+	-	-	-
Makkaroni	-	-	0	+	-	-	-	-	0	+	-	-	-

Anmerkung: [1] **= weniger als 10 analysierte Proben**
+ = Spuren

Der Vitamingehalt der Nahrungsmittel (Fortsetzung)

Bezeichnung der Erzeugnisse	Charakterisierung des Erzeugnisses	Geniessbarer Teil						Bruttoprodukt					
		A	Carotin	B_1	B_2	C	PP	A	Carotin	B_1	B_2	C	PP
Brot													
Weizenbrot	Aus Mehl feiner Ausmahlung	-	0	30	-	-	-	-	0	30	-	-	-
Weizenbrot	Aus Mehl 100 %iger Ausmahlung	-	+	300	-	-	-	-	+	300	-	-	-
Roggenbrot	-	-	0	150	-	-	-	-	0	150	-	-	-
Roggenzwieback	Aus Mehl 60 %iger Ausmahlung	-	-	-	-	-	1000[1]	-	-	-	-	-	1000[1]
Gemüse, Wurzel- und Hülsenfrüchte													
Aubergine	-	-	0	-	-	15000	-	-	0	-	-	12750	-
Steckrüben	-	-	+	-	-	30000	-	-	+	-	-	24000	-
Grüne Bohnen	-	-	500	-	-	-	-	-	500	-	-	-	-
Grüne Erbsen	-	-	1000	-	-	25000	-	-	1000	-	-	25000	-
Melonenkürbis	-	-	0	-	-	15000	-	-	0	-	-	11250	-
Weisskohl, frisch	-	-	+	60[1]	50[1]	30000	400[1]	-	+	48[1]	40[1]	24000	320
Grünkohl	-	-	3000	-	-	30000	-	-	-	-	-	-	-
Rotkohl	-	-	+	-	-	50000	-	-	+	-	-	42500	-
Brüsseler Kohl (Rosenkohl)	-	-	500	-	-	-	-	-	325	-	-	-	-
Blumenkohl	-	-	-	-	-	70000	-	-	-	-	-	42000	-
Kartoffeln	-	-	+	100[1]	50[1]	10000	900	-	+	75[1]	37,50[1]	7500	675
Kohlrabi	-	-	0	-	-	40000	-	-	0	-	-	28000	-
Zwiebel (Lauch)	-	-	6000	-	-	60000	-	-	4800	-	-	48000	-
Knollenzwiebel	-	-	0	-	-	10000	-	-	0	-	-	9000	-
Porree	-	-	0	-	-	20000	-	-	0	-	-	15200	-
Möhren, rote	-	-	9000	60[1]	60[1]	5000	400	-	7650	51[1]	51[1]	4250	340
Möhren, gelbe	-	-	1000	-	-	-	-	-	850	-	-	-	-
Gurken	-	-	+	-	-	5000	-	-	+	-	-	4500	-
Pfeffer, rot	Süss, bitter	-	10000	-	-	250000	-	-	-	-	-	-	-
Petersilie	Blatt	-	10000	-	-	150000	-	-	-	-	-	-	-
Radies	-	-	+	-	-	20000	-	-	+	-	-	16000	-

Rettich	-	-	+	-	-	25000	-	-	+	-	-	18750	-
Rüben	-	-	100	-	-	20000	-	-	75	-	-	15000	-
Salat, dunkelgrün	-	-	2500	-	-	30000	-	-	1875	-	-	22500	-
Salat, hellgrün	-	-	+	-	-	10000	-	-	+	-	-	7500	-
Rote Rüben	-	-	0	-	-	10000	-	-	0	-	-	8000	-
Soja, gelb	-	-	500	600	-	-	-	-	500	600	-	-	-
Tomaten, rot	-	-	2000	-	-	40000	-	-	1900	-	-	38000	-
Tomaten, gelb	-	-	500	-	-	-	-	-	475	-	-	-	-
Kürbis	-	-	200	-	-	8000	-	-	140	-	-	5600	-
Dill	-	-	-	-	-	150000	-	-	-	-	-	-	-
Meerrettich	Wurzel	-	0	-	-	200000	-	-	0	-	-	160000	-
Knoblauch	-	-	0	-	-	+	-	-	0	-	-	+	-
Knoblauch, wilder	-	-	-	-	-	40000	-	-	-	-	-	-	-
Spinat	-	-	5000	-	-	50000	-	-	3750	-	-	37500	-
Obst, Beeren, Früchte													
Aprikosen	Frisch	-	2000	-	-	7000	-	-	1700	-	-	1445	-
Aprikosen	Getrocknet	-	5000	-	-	-	-	-	5000	-	-	-	-
Actinidia Colomicta	Ostasiatische Schlingsträucher mit essbaren ananasähnlich schmeckenden Beeren	-	-	-	-	1 Mill.	-	-	-	-	-	-	-
Apfelsinen	-	-	300	-	-	40000	-	-	225	-	-	30000	-
Wassermelonen	-	-	0	-	-	7000	-	-	0	-	-	5550	-
Berberitzen	-	-	-	-	-	150000	-	-	-	-	-	150000	-
Preiselbeeren	-	-	100	-	-	15000	-	-	95	-	-	14250	-
Weintrauben	-	-	+	-	-	3000	-	-	+	-	-	2700	-
Kirschen	-	-	300	-	-	15000	-	-	264	-	-	13200	-
Blaubeeren	-	-	+	-	-	20000	-	-	+	-	-	19600	-
Granatäpfel	Ganze Frucht	-	-	-	-	5000	-	-	-	-	-	4000	-
Grapefruit	-	-	-	-	-	40000	-	-	-	-	-	24000	-
Birnen	-	-	+	-	-	4000	-	-	+	-	-	3680	-
Melone	-	-	-	-	-	20000	-	-	-	-	-	16000	-
Brombeeren	-	-	300	-	-	5000	-	-	276	-	-	4600	-
Walderdbeeren	-	-	-	-	-	30000	-	-	-	-	-	30000	-
Gartenerdbeeren	-	-	+	-	-	60000	-	-	+	-	-	57000	-
Rosinen	-	-	100	-	-	-	-	-	100	-	-	-	-
Holunder	-	-	-	-	-	70000	-	-	-	-	-	70000	-
Kornelkirsche	-	-	-	-	-	50000	-	-	-	-	-	40000	-
Moosbeeren	Frisch	-	0	-	-	10000	-	-	0	-	-	9800	-
Moosbeeren	Abgelagerte	-	0	-	-	0	-	-	0	-	-	0	-
Moosbeeren	Unter dem Schnee	-	0	-	-	0	-	-	0	-	-	0	-
Stachelbeeren	-	-	100	-	-	50000	-	-	95	-	-	47500	-
Zitronen	-	-	400	-	-	40000	-	-	200	-	-	20000	-
Himbeeren	-	-	300	-	-	30000	-	-	255	-	-	25500	-

Der Vitamingehalt der Nahrungsmittel (Fortsetzung)

Bezeichnung der Erzeugnisse	Charakterisierung des Erzeugnisses	Geniessbarer Teil						Bruttoprodukt					
		A	Carotin	B_1	B_2	C	PP	A	Carotin	B_1	B_2	C	PP
Mandarinen	-	-	600	-	-	30000	-	-	450	-	-	22500	-
Mandarinenschale	-	-	2000	-	-	100000	-	-	2000	-	-	100000	-
Oliven	-	-	600	-	-	-	-	-	-	-	-	-	-
Moltebeeren (Rubus chamaemorus)	-	-	-	-	-	30000	-	-	-	-	-	-	-
Sanddorn (Hippophae rhamnoides)	Handelsware, gefroren	-	8000	-	-	120000	-	-	-	-	-	-	-
Walnuss	Grün	-	-	-	-	1,2 Mill.	-	-	-	-	-	-	-
Pfirsiche	-	-	500	-	-	10000	-	-	440	-	-	8800	-
Vogelkirschen	Handelsware	-	8000	-	-	50000	-	-	-	-	-	-	-
Pflaumen	-	-	100	-	-	5000	-	-	90	-	-	4500	-
Johannisbeeren, weiss	-	-	0	-	-	5000	-	-	0	-	-	4500	-
Johannisbeeren, rot	-	-	-	-	-	30000	-	-	-	-	-	27000	-
Johannisbeeren, schwarz	-	-	700	-	-	300000	-	-	679	-	-	291000	-
Schlehen	-	-	-	-	-	15000	-	-	-	-	-	12000	-
Faulbeeren	-	-	-	-	-	+	-	-	-	-	-	+	-
Heidelbeeren	-	-	+	-	-	5000	-	-	+	-	-	5000	-
Hagebutten, getrocknet	Ganze, rote Früchte	-	5000	-	-	1,5 Mill.	-	-	-	-	-	-	-
Hagebutten, getrocknet	Ganze, dunkle Früchte	-	-	-	-	100000	-	-	-	-	-	-	-
Äpfel "Antonowka"	-	-	-	-	-	30000	-	-	-	-	-	27600	-
Äpfel "Titowka"	-	-	-	-	-	30000	-	-	-	-	-	27600	-
Äpfel, verschiedene	-	-	1000	-	-	7000	-	-	920	-	-	6440	-
Eingesäuertes Gemüse													
Sauerkohl	Gesäuert in Bottichen und in vollen Fässern	-	0	-	-	20000	-	-	0	-	-	19000	-
Sauerkohl	Abgelagerte Marktware	-	0	-	-	+	-	-	0	-	-	+	-
Salzgurken	-	-	0	-	-	0	-	-	0	-	-	0	-
Salztomaten	-	-	-	-	-	0	-	-	-	-	-	0	-

Fette und Öle													
Margarine	-	0	-	-	-	-	-	0	-	-	-	-	-
Rahmbutter und geschmolzene Butter	-	600	-	-	-	-	-	-	600	-	-	-	-
Sonnenblumenöl	-	-	0	-	-	-	-	-	0	-	-	-	-
Hanföl	-	-	0	-	-	-	-	-	0	-	-	-	-
Leinöl	-	-	0	-	-	-	-	-	0	-	-	-	-
Sanddornöl	-	-	80000	-	-	-	-	-	80000	-	-	-	-
Palmöl	-	-	80000	-	-	-	-	-	80000	-	-	-	-
Schweinefett, Schmalz, Lard	-	-	0	-	-	-	-	-	0	-	-	-	-
Fischtran (Dorsch)	-	19000	-	-	-	-	-	19000	-	-	-	-	-
Konserven und Präserven													
Rindfleisch, geschmort	-	-	-	20	20	-	2000	-	-	20	20	-	2000
Milch, gedickt, mit Zucker	-	30	-	60	400	2500	500[1]	30	-	60	400	2500[1]	500
Blei in Tomate	-	-	-	20[1]	70[1]	-	90[1]	-	-	20[1]	70[1]	-	90[1]
Lachs in eigenem Saft	-	-	-	30[1]	80[1]	-	2100[1]	-	-	30[1]	80[1]	-	2100[1]
Stör in eigenem Saft	-	-	-	30	170	-	1600	-	-	30	170	-	1600
Stör in Tomate	-	-	-	-	110[1]	-	1500[1]	-	-	-	110[1]	-	1500[1]
Zander in Tomate	-	-	-	20	190	-	150	-	-	20	190	-	150
Sprotten	-	-	-	+	120	-	1000	-	-	+	120	-	1000
Aprikosenkompott in Blechdosen	-	-	500	-	-	5000	-	-	500	-	-	5000	-
Auberginepüree in Blechdosen	-	-	1300	-	-	5000	-	-	1300	-	-	5000	-
Grüne Erbsen	-	-	300	100	50	10000	250	-	300	100	50	10000	250
Melonenkürbis-Püree	-	-	2800	-	-	8000	-	-	2800	-	-	8000	-
Pfeffer, gefüllt	-	-	4000	-	-	23000	-	-	4000	-	-	23000	-
Tomatencatchup in Flaschen	-	0	1200	-	-	10000	-	0	1200	-	-	10000	-
Tomatenpüree, lose	-	-	1800	50[1]	30[1]	26000	600[1]	-	1800	50[1]	30[1]	26000	600[1]
Tomatenpaste in Blechdosen	-	-	2000	-	-	60000	-	-	2000	-	-	60000	-
Tomatenpaste in Fässern Gesalzen		-	2000	-	-	25000	-	-	2000	-	-	25000	-
Tomatensaft in Flaschen	-	-	500	-	-	15000	-	-	500	-	-	15000	-
Blumenkohl in Blechdosen	-	-	-	10[1]	40[1]	30000	1000[1]	-	-	10[1]	40[1]	30000	1000[1]
Spinatpüree	-	-	2500	20[1]	50	20000	-	-	2500	20[1]	50	20000	-
Schnittbohnen	-	-	-	10	30[1]	2000[1]	1300[1]	-	-	10	30[1]	2000[1]	1300[1]
Apfelmarmelade	-	-	0	-	-	3000	-	-	0	-	-	3000	-
Apfelsosse	Pasteurisiert	-	0	-	-	1500	-	-	0	-	-	1500	-
Sonstiges													
Pilze, getrocknet	-	-	0	-	-	0	-	-	0	-	-	0	-
Bäckerhefe, trocken	-	-	-	2000	-	0	-	-	-	2000	-	0	-
Bierhefe, trocken	-	-	-	5000	-	0	-	-	-	5000	-	0	-
Bienenhonig	-	-	0	0	-	-	-	-	0	0	-	-	-

Anmerkung: Ein Strich (-) bedeutet Fehlen von Angaben. [1] = Weniger als 10 analysierte Proben + = Spuren

ANHANG

Unabhängig von den „Tabellen über die chemische Zusammensetzung und den Nährwert der „Lebensmittel“ bestehen seit 1951 in der UdSSR „Physiologische Ernährungsnormen“, die vom Ministerium für Gesundheitsschutz bestätigt worden sind. Da die in den vorhergehenden Tabellen je 100 g Substanz anfallenden Nährstoffe durch einen Vergleich mit den als angemessen erscheinenden Forderungen sehr wesentlich zu sein scheinen, folgen anschließend diese derzeit gültigen sowjetischen „Physiologischen Ernährungsnormen“ im Wortlaut.

Bestätigt vom Stellvertreter des Ministers für Gesundheitsschutz, Staatl. Hauptinspektor der UdSSR T. J. Boldyrew 5. 6. 1951

Physiologische Ernährungsnormen*)

Die physiologischen Ernährungsnormen decken den Energieaufwand völlig und befriedigen — wenn ein rationelles Verhältnis zwischen ihnen vorliegt — den Bedarf eines gesunden Menschen an allen Nährstoffen.

Die physiologischen Ernährungsnormen sind das Ergebnis einer 20jährigen Arbeit des Instituts für Ernährungsforschung der Akademie der Medizinischen Wissenschaften der UdSSR auf dem Gebiet der Untersuchung des menschlichen Bedarfs an verschiedenen Nährstoffen in Abhängigkeit von Beruf, Alter sowie Umweltbedingungen.

Die physiologischen Ernährungsnormen sind nach Altersgruppen für Kinder und Jugendliche bis zu 18 Jahren sowie für Erwachsene in Abhängigkeit von der Beschäftigungsart und Intensität der physischen Anstrengung in 4 Gruppen eingeteilt.

Die Untersuchungen des Instituts für Ernährungsforschung der Akademie der Medizinischen Wissenschaften der UdSSR haben ergeben, daß individuelle und Geschlechtsunterschiede beim Aufbau der physiologischen Normen keine entscheidende Rolle spielen.

Dem Aufbau der physiologischen Ernährungsnormen liegen folgende Überlegungen zugrunde:

1. In den Ernährungsnormen für Kinder sind die besonderen Bedürfnisse des wachsenden Organismus berücksichtigt, die für eine normale Entwicklung (des Organismus) von Kindern und Jugendlichen erforderlich sind. Der Kaloriengehalt der Tagesration für Kinder verschiedenen Alters wurde auf Grund von Untersuchungen des Energieaufwandes der Kinder in verschiedenen Krippen, Kindergärten und Schulen ermittelt, während der Bedarf an Eiweiß und anderen Stoffen durch Untersuchungen des Stoffwechsels, der Resorbierbarkeit der Kost, Beobachtungen der physischen Entwicklung und des Gesamtzustandes der Kinder usw. festgesetzt wurde. Der Bedarf der Kinder an verschiedenen Stoffen, besonders an Eiweiß, auf 1 kg Körpergewicht ist um so höher, je jünger das Kind ist.

*) Die physiologischen Ernährungsnormen wurden von der Sektion des Hygiene-Komitees beim Wissenschaftlichen Medizinischen Rat, dem Präsidium der Akademie der Medizinischen Wissenschaften der UdSSR und dem Präsidium des Wissenschaftlichen Medizinischen Rates des Ministeriums für Gesundheitsschutz der UdSSR geprüft und genehmigt.

2. Für die erwachsene Bevölkerung wurde der tägliche Kaloriengehalt der Kost auf Grund von Untersuchungen des Energieaufwandes unter Verhältnissen produktiver Arbeit sowie der Lebensweise festgesetzt. Alle Personen, die nicht physisch arbeiten, d. h. die einer Beschäftigung nachgehen, welche keine besondere Muskeltätigkeit erfordert, sind in die Gruppe I eingereiht; ihr Tagesbedarf übersteigt 3200 Kalorien nicht. Bei mechanisierter Arbeit (Gruppe II) ist der Aufwand um so geringer, je vollständiger die Mechanisierung der Arbeit vorangeschritten ist; der Tagesverbrauch beträgt hier 3500 Kalorien. Je mehr physische Arbeit geleistet wird, desto höher ist der Energieaufwand, weshalb die Arbeiter bei physischer, nicht mechanisierter oder unvollständig mechanisierter Arbeit unter die Gruppen III und IV fallen; ihr Tagesaufwand beträgt 4000—5000 Kalorien.

3. Für alle Gruppen der Kinder wie auch der erwachsenen Bevölkerung ist ein hohes spezifisches Gewicht der Produkte tierischer Herkunft vorgesehen. So z. B. erreicht der Anteil tierischen Eiweißes sein Maximum bei Kleinkindern (ca. 80%) und sinkt nirgends unter 57% ab. Mit anderen Worten: Tierische Proteine sind in der Nahrungsration vorherrschend. In noch größerem Maße trifft dies auf Fette zu. Ungeachtet dessen, daß Kohlenhydrate hauptsächlich durch pflanzliche Produkte zugeführt werden, beträgt der Anteil der tierischen Produkte über 33 bis 37% vom Gesamtkaloriengehalt der Rationen. Bei Kohlenhydraten wird ein günstiges Verhältnis zwischen schnell resorbierbaren Zuckern und langsam verwertbarer Stärke aufrecht erhalten. Im Durchschnitt entfallen auf den Anteil der Zucker 36% und auf den der Stärke 64%.

4. Der Anteil der Proteine am Gesamtkaloriengehalt der Ernährung schwankt bei den einzelnen Gruppen zwischen 13,3 und 15% und beträgt i. D. 14%. Auf Fette entfallen 30% und auf Kohlenhydrate 56% des täglichen Kaloriengehalts. Solche Proportionen sind am rationellsten; denn einerseits ergeben sie eine völlige Deckung des Bedarfs des Organismus an Eiweiß, schaffen eine hinreichend starke, konzentrierte Energiequelle durch Fette und gewährleisten zugleich das erforderliche Nahrungsvolumen durch die Zufuhr der nötigen Mengen an Kohlenhydraten und Zellulose. All das schafft die Voraussetzungen für eine normale Tätigkeit des Verdauungstraktes sowie für eine gute Resorbierbarkeit der Kost.

Die erwähnten physiologischen Ernährungsnormen werden in den folgenden Tabellen konkret zum Ausdruck gebracht.

Tabelle 1

Verteilung der Berufe nach dem Kalorienbedarf

Gruppe I 3000—3200 Kalorien	Gruppe II 3500 Kalorien	Gruppe III 4000 Kalorien	Gruppe IV (nicht mechanisierte Arbeit) 4500—5000 Kalorien
bei nicht physischer Arbeit	bei mechanisierter Arbeit	bei nicht oder teilweise mechanisierter Arbeit	bei schwerer nicht mechanisierter Arbeit

Tabelle 2

Physiologische Normen

des Bedarfs der Kinder und Jugendlichen an Eiweiß, Fett, Kohlenhydraten und Kalorien (je Tag in g)

	Gruppen					
	von 6 Monaten bis 1 Jahr	1—3 Jahre	3—7 Jahre	7—11 Jahre	11—15 Jahre	15—18 Jahre
Eiweiß	25	48	68	78	98	119
davon animalisch	21	39	48	50	56	72
Fett	25	51	65	81	86	99
davon animalisch	25	50	61	72	75	84
Kohlenhydrate	109	157	241	297	424	471
Kalorien	782	1315	1871	2291	2940	3340
davon animalisch	396	727	855	966	1031	1181

Tabelle 3

Physiologische Normen

des Bedarfs der Erwachsenen an Eiweiß, Fett, Kohlenhydraten und Kalorien (je Tag in g)

	Gruppen				im Durchschnitt je Person
	I	II	III	IV	
Eiweiß	109	122	141	163	105
davon animalisch	67	72	82	94	64
Fett	106	116	134	153	99
davon animalisch	91	95	108	121	84
Kohlenhydrate	433	491	558	631	415
Kalorien	3208	3592	4112	4678	3053
davon animalisch	1211	1287	1449	1641	1144

Tabelle 4

Physiologische Normen

des Bedarfs an den hauptsächlichsten Mineralstoffen (in mg je Tag)

	Kalzium	Phosphor	Eisen
Kinder von 1—11 Jahren	1000	1500	15
Kinder und Jugendliche von 11—18 Jahren	1000	1500—2000	15
Erwachsene	800	1600	15

Tabelle 5

Physiologische Normen des Tagesbedarfs an Vitaminen

	Vitamine							
	A in I. E.	A in mg	Carotin in mg	B_1 (Thiamin) in mg	B_2 (Riboflavin) in mg	C (Ascorbinsäure) in mg	PP (Nicotinsäure) in mg	D (Calciferol) in I. E.
1. Erwachsene:								
a) bei mittelschwerer Arbeit	3300	1	2	2	2	50	15	bis 1000
b) bei schwerer Arbeit	3300	1	2	2,5	2	75	20	
c) bei Schwerstarbeit	3300	1	2	3	2	100	25	
2. Schwangere (5—8 Monate)	6600	2	4	2,5	2	75	20	500—1000
3. Stillende (bis 7 Monate)	8300	2,5	5	3	2	100	25	500—1000
4. Kinder:								
a) bis 7 Jahre	3300	1	2	1	2	30–35	15	500—1000
b) 7—14 Jahre	3300	1	2	1,5	2	50	15	500—1000
c) über 14 Jahre	3300	1	2	2	2	50	15	500—1000

Erläuterungen zur Tabelle:

Der Bedarf des Menschen an Vitamin A ist in der Tabelle in 3 Varianten angeführt:

1. In Internationalen Einheiten (I. E.),
2. in Milligramm Vitamin A und
3. in Milligramm Carotin.

1 mg Vitamin A entspricht 3330 I. E. und 1 mg Carotin (β-Carotin) 1660 I. E. Eine I. E. Vitamin D entspricht 0,000025 mg chemisch reinem Vitamin D (Calciferol). In der Wirkung des Vitamins A entspricht eine I. E. der Aktivität von 0,0006 mg Carotin (β-Carotin) bzw. 0,0003 mg Vitamin A.

Vitamin A kann bis zu einer Menge von 1,5 mg (oder entsprechend 3 mg Carotin) = ca. 5000 I. E. dem Verbraucher in der Form von Lebensmitteln zugeführt werden. Die zusätzliche Versorgung über 5000 I. E. ist durch Verabfolgung von entsprechenden Präparaten (Carotin bzw. Vitamin A) zu realisieren. Die Anwendung von Vitamin D- und PP-Präparaten hat auf ärztliche Anordnung zu erfolgen.

Tabelle 6

Physiologische Normen des Bedarfs an Kartoffeln, Gemüse und melonenartigen Früchten

Im Durchschnitt je Kopf und Jahr in kg:

1. Kartoffeln	100 kg
2. Gemüse	110 kg
3. melonenartige Früchte	30 kg

Die verschiedenen Gemüsesorten in Prozenten der Bedarfsnorm im Durchschnitt je Kopf:

1. Weißkraut	22 %
2. Blumenkohl	4 %
3. sonstiger Kohl	3 %
4. Tomaten	18 %
5. Möhren	16 %
6. Gurken	8 %
7. Rüben	5 %
8. Zwiebeln	6 %
9. Steckrüben und Runkelrüben	3 %
10. Aubergine (Eierfrucht) und Melonenkürbis	2 %
11. Radieschen und Rettich	1 %
12. Grüne Erbsen und Bohnengemüse	3 %
13. Salat	3 %
14. Spinat und Sauerampfer	2 %
15. Suppengemüse (Dill, Petersilie, Pastinake, Sellerie u. a.)	2 %
16. sonstiges Gemüse	2 %
Insgesamt:	100 %

Auswahl der melonenartigen Früchte in % der Bedarfsnorm je Kopf:

1. Arbusen (Wassermelonen)	50 %
2. Melonen	25 %
3. Kürbis	25 %
Insgesamt:	100 %

Anmerkung:

1. Die physiologischen Normen des Bedarfs an Gemüse sind nach Umrechnung auf Frischgemüse angegeben.
   In den erwähnten Normen sind alle Arten von verarbeitetem Gemüse, wie Trocken-, Konserven-, Salz- sowie Sauergemüse u. a. einbegriffen.
   Das gesalzene, marinierte und gesäuerte Gemüse ist dem Gewicht nach dem Frischgemüse angeglichen.
2. Die verschiedenen Gemüse- und Melonenfruchtarten sind im Durchschnitt der gesamten UdSSR angegeben.
   Je nach den örtlichen Besonderheiten können sich gewisse Verschiebungen ergeben.
3. Bei einem Mangel an Melonenfrüchten in einzelnen Gebieten können diese durch Gemüse in gleicher Menge ersetzt werden.

ERNÄHRUNGSFORSCHUNG

Berichte und Mitteilungen aus dem Institut für Ernährungsforschung und der Anstalt für Vitaminforschung Potsdam-Rehbrücke

Herausgegeben von A. Scheunert / K. Täufel

Band I

Heft 1 1956. 210 Seiten — 28 Abbildungen — gr. 8 — DM 16,50 (vergriffen)

Herausgegeben von A. Scheunert / K. Täufel / M. Ulmann

Heft 2 1956. VI, 204 Seiten — 57 Abbildungen, davon 22 auf 5 Kunstdrucktafeln — 36 Tabellen — gr. 8° — DM 19,50

Heft 3 1956. VI, 180 Seiten — 48 Abbildungen — 6 Tafeln — 49 Tabellen — gr. 8° — DM 21,—

Heft 4 1956. VI, 181 Seiten — 26 Abbildungen, davon 5 auf 4 mehrfarbigen Tafeln — 18 einfarbige Tafeln — 25 Tabellen — XVIII Seiten Register zu Band I — gr. 8° — DM 21,50

Band II

Heft 1 1957. VI, 169 Seiten — 38 Abbildungen, davon 4 auf 2 Kunstdrucktafeln — 67 Tabellen — gr. 8° — DM 20,—

Heft 2 1957. VI, 205 Seiten — 31 Abbildungen — 1 Tafel — 63 Tabellen — gr. 8° — DM 21,50

Herausgegeben von K. Täufel / M. Ulmann

Heft 3 1957. VII, 168 Seiten — 27 Abbildungen — 46 Tabellen — gr. 8° — DM 20,—

Berichte und Mitteilungen aus dem Institut für Ernährung, Potsdam-Rehbrücke der Deutschen Akademie der Wissenschaften zu Berlin

Herausgegeben von K. Täufel / M. Ulmann

Heft 4 1957. VI, 126 Seiten — 50 Abbildungen, davon 23 auf 13 Tafeln — 17 Tabellen — gr. 8° — DM 19,50

Heft 5 1957. VI, 147 Seiten — XVII Seiten Register zu Band II — 32 Abbildungen, davon 3 auf 2 einfarbigen Kunstdrucktafeln und 4 auf 2 mehrfarbigen Tafeln — 31 Tabellen — 1 Titelbild — gr. 8° — DM 22,—

Band III

Heft 1 1958. IV, 146 Seiten — 42 Abbildungen, davon 2 auf 1 Kunstdrucktafel — 18 Tabellen — gr. 8° — DM 20,—

Heft 2 1958. VI, 196 Seiten — 26 Abbildungen, davon 3 auf 2 Kunstdrucktafeln — 24 Tabellen — gr. 8° — DM 20,—

Heft 3 1958. VI, 150 Seiten — 31 Abbildungen, davon 7 auf 7 Kunstdrucktafeln — 3 Tafeln — 20 Tabellen — gr. 8° — DM 20,—

Heft 4 1958. VI, 109 Seiten — 29 Abbildungen, davon 7 auf 5 Kunstdrucktafeln — 30 Tabellen — gr. 8° — 16 Seiten Register zu Band III — DM 20,—

Band IV

Heft 1 1959. VI, 125 Seiten — 26 Abbildungen, davon 12 auf 9 Kunstdrucktafeln — 25 Tabellen — gr. 8° — DM 16,50

Die Reihe wird fortgesetzt

Bestellungen durch eine Buchhandlung erbeten

A K A D E M I E - V E R L A G · B E R L I N

In Vorbereitung

HEINRICH-KARL GRÄFE

Zur effektiven Ernährungssituation der Werktätigen

Drei Aufsätze

1959. 78 Seiten — 8 Abbildungen — 19 Tabellen, davon 1 als Ausschlagtafel — gr. 8° — DM 3,90

An Hand von annähernd hundert genau ausgewerteten Umfragen über den effektiven jahresdurchschnittlichen Nahrungsmittelverbrauch von Werktätigen unter verschiedenartigen geographischen, siedlungsmäßigen, gesellschaftlichen und ökonomischen Verhältnissen werden eingehend diskutierte, konkrete Ergebnisse vorgelegt. Durch die Gegenüberstellung von optimalem Ernährungs-Soll und tatsächlichem Ernährungs-Ist lassen sich unerwünschte Überschüsse bzw. signifikante Mängel in der gegenwärtigen Deckung des Nährstoffbedarfs nachweisen und damit wertvolle Schlußfolgerungen für eine Ernährungsverbesserung ziehen.

Optimale Ernährungsbilanzen für Leistungssportler

In dieser Abhandlung gibt der bekannte Ernährungsspezialist Antwort auf die von Sportärzten und Trainern wiederholt und besorgt gestellte Frage: ‚Was, wieviel und wann sollen unsere Sportler essen, um ernährungsmäßig bestens versorgt zu sein?'
In umfangreichen Untersuchungen hat der Autor typische Kalorien-Verbrauchsbilanzen für Leistungs- und Hochleistungssportler von 5 Schwerpunktdisziplinen aufgestellt, in denen wünschenswerte Optimalforderungen und reale Verzehrmengen aufeinander abgestimmt wurden. Getrennt für Männer und Frauen, für Trainings- und Wettkampfperioden entwickelte er vollwertige Ernährungsrichtlinien, in denen die Kenntnis der modernen Ernährungsphysiologie in höchstmöglichem Maße berücksichtigt wurden.

Bestellungen durch eine Buchhandlung erbeten

THEORIA CUM PRAXI

A K A D E M I E - V E R L A G · B E R L I N

Bei Fragen zur Produktsicherheit wenden Sie sich bitte an:
If you have any questions regarding product safety,
please contact:

Walter de Gruyter GmbH
Genthiner Straße 13
10785 Berlin
productsafety@degruyterbrill.com